"十二五"高职高专院校规划教材（食品类）

LÜSE SHIPIN SHENGCHAN JICHU

绿色食品生产基础

华海霞　侯晓东　陈　云　主编

中国质检出版社
中国标准出版社
北　京

图书在版编目(CIP)数据

绿色食品生产基础/华海霞,侯晓东,陈云主编.—北京:中国质检出版社,2013.4(2020.1重印)
"十二五"高职高专院校规划教材(食品类)
ISBN 978-7-5026-3736-1

Ⅰ.①绿… Ⅱ.①华… ②侯… ③陈… Ⅲ.①绿色食品-生产 Ⅳ.①S-01

中国版本图书馆 CIP 数据核字(2012)第 290937 号

内 容 提 要

绿色食品生产基础是绿色食品生产、加工和销售、质量控制和研发的重要依据,在控制绿色食品质量,改进生产和加工工艺,加强绿色食品质量管理,提升企业的国际竞争力等方面都有着十分重要的现实意义。本教材注重绿色食品知识的基础性、实用性和前瞻性,系统、全面地论述了绿色食品的概念、特征及发展趋势,绿色食品的技术保障体系和标准体系,绿色食品生产技术及开发应用,绿色食品的销售贸易及认证监管等方面的知识。

本教材为高职院校农业类、环境类、质量管理类和食品加工等食品类相关专业的教学用书;也可作为从事绿色食品生产的专业技术人员、质量管理人员、研究开发工作者的培训和参考资料。

中国质检出版社
中国标准出版社 出版发行

北京市朝阳区和平里西街甲 2 号 (100013)
北京市西城区三里河北街 16 号 (100045)

网址:www.spc.net.cn

总编室:(010)64275323   发行中心:(010)51780235
读者服务部:(010)68523946
中国标准出版社秦皇岛印刷厂印刷

各地新华书店经销

*

开本 787×1092   1/16   印张 10.75   字数 263 千字
2013 年 4 月第一版   2020 年 1 月第三次印刷

*

定价:24.00 元

—本书编委会—

主　编　华海霞（南通农业职业技术学院）

　　　　侯晓东（广东省潮州市质量计量监督检测所）

　　　　陈　云（南通农业职业技术学院）

副主编　欧阳虹（南通农业职业技术学院）

　　　　苏爱梅（南通农业职业技术学院）

参　编　姚会敏（河南质量工程职业学院）

　　　　欧灵澄（云南大学）

　　　　张清田（河南省西华县黄泛区农场）

序 言

伴随着经济的空前发展和人民生活水平的不断提高,人们对食品安全的关注度日益增强,食品行业已成为支撑国民经济的重要产业和社会的敏感领域。近年来,食品安全问题层出不穷,对整个社会的发展造成了一定的不利影响。为了保障食品安全,规范食品产业的有序发展,近期国家对食品安全的监管和整治力度不断加强。经过各相关主管部门的不懈努力,我国已基本形成并明确了卫生与农业部门实施食品原材料监管、质监部门承担食品生产环节监管、工商部门实施食品流通环节监管的制度完善的食品安全监管体系。

在整个食品行业快速发展的同时,行业自身的结构性调整也在不断深化,这种调整使其对本行业的技术水平、知识结构和人才特点提出了更高的要求,而与此相关的职业教育正是在食品科学与工程各项理论的实际应用层面培养专业人才的重要渠道,因此,近年来教育部对食品类各专业的职业教育发展日益重视,并连年加大投入以提高教育质量,以期向社会提供更加适应经济发展的应用型技术人才。为此,教育部对高职高专院校食品类各专业的具体设置和教材目录也多次进行了相应的调整,使高职高专教育逐步从普通本科的教育模式中脱离出来,使其真正成为为国家培养生产一线的高级技术应用型人才的职业教育,"十二五"期间,这种转化将加速推进并最终得以完善。为适应这一特点,编写高职高专院校食品类各专业所需的教材势在必行。

针对以上变化与调整,由中国质检出版社牵头组织了"十二五"高职高专院校规划教材(食品类)的编写与出版工作,该套教材主要适用于高职高专院校的食品类各相关专业。由于该领域各专业的技术应用性强、知识结构更新快,因此,我们有针对性地组织了江苏食品职业技术学院、河南农业职业学院、苏州农业职业技术学院、江苏农林职业技术学院、江苏畜牧兽医职业技术学院、吉林农业科技学院、广东环境保护工程职业学院、广西农业职业技术学院、河北师范大学、南通农业职业技术学院以及上海农林职业技术学院等40多所相关高校、职业院校、科研院所以及企业中兼具丰富工程实践和教学经验的专家学者担当各教材的主编与主审，从而为我们成功推出该套框架好、内容新、适应面广的高质量教材提供了必要的保障，以此来满足食品类各专业普通高等教育和职业教育的不断发展和当前全社会对建立食品安全体系的迫切需要；这也对培养素质全面、适应性强、有创新能力的应用型技术人才，进一步提高食品类各专业高等教育和职业教育教材的编写水平起到了积极的推动作用。

针对应用型人才培养院校食品类各专业的实际教学需要，本系列教材的编写尤其注重了理论与实践的深度融合，不仅将食品科学与工程领域科技发展的新理论合理融入教材中，使读者通过对教材的学习，可以深入把握食品行业发展的全貌，而且也将食品行业的新知识、新技术、新工艺、新材料编入教材中，使读者掌握最先进的知识和技能，这对我国 21 世纪应用型人才的培养大有裨益。相信该套教材的成功推出，必将会推动我国食品类高等教育和职业教育教材体系建设的逐步完善和不断发展，从而对国家的新世纪人才培养战略起到积极的促进作用。

教材审定委员会

2013 年 1 月

前 言
● FOREWORD ●

"民以食为天，食以安为先"，食品安全关系人民群众健康和生命安全，关系经济发展和社会和谐。随着社会经济的快速发展，人民生活水平的普遍提高，消费者更加关注食品的安全保障，越发关注工业发展所产生的废气、废水、废渣和化肥、农药的大量使用对农业和生态环境的影响。市场呼唤多样化、优质化和安全化的食品。从世界农业的发展趋势看，农产品质量提高、农民生活条件的改善和生态环境的优化，三者相互促进已成为世界农业生产与农村建设的发展潮流，发展绿色食品的战略决策就是在这种背景条件下提出的。

经过 20 年的风雨历程，绿色食品工作取得了令人瞩目的重大成就，实践证明绿色食品符合时代发展的潮流，符合经济社会发展的客观规律，是一项带有前瞻性、方向性的民心工程，是一个关系到人民生活水平和健康的社会工程，是我国农业工作中的一项富有远见卓识的创举。21 世纪新的形势和任务，对绿色食品工作提出了更高的新要求，这表明绿色食品事业发展面临着新的机遇和挑战。

本教材是为了适应 21 世纪绿色食品发展和高等专业院校相关专业教育的需要，在分析和总结 20 年来我国绿色食品发展经验的基础上，通过对国内外生态农业、有机农业发展现状及发展趋势的研究，系统、全面地论述了绿色食品的概念、特征及发展趋势，绿色食品的技术保障体系和标准体系，绿色食品生产技术及开发应用，绿色食品的销售贸易及认证监管等方面的知识。基础性、实用性和前瞻性较强，可作为农业类、环境类、质量管理类和食品加工等食品类相关专业的教学用书，也可以作为从事绿色食品生产的专业技术人员、质量管理人员、研究开发工作者的培训和参考资料。

由于编者水平有限，加上时间仓促，疏漏和不足之处在所难免，敬请广大读者和专家批评指正。

编者
2013 年 1 月

目　录
• CONTENTS •

第一章　绿色食品概述

第一节　绿色食品概念与特征

一、绿色食品概念

绿色食品是指遵循"可持续发展"原则,按照特定生产方式,经专门机构认证,许可使用绿色食品标志的无污染的安全、优质、营养的一类食品。这是一类在无污染的生态环境中种植(养殖),施用有机肥料,不用高毒、高残留农药,全过程实行标准化生产和加工,严格控制有毒有害物质含量,经专门机构认定并使用特有标识,符合国家安全食品标准和绿色食品标准的农产品。在国际上,对于保护环境和与之相关的事业已经习惯冠以"绿色"的字样。所以,在中国,为了突出这类食品产自良好的生态环境和经过严格的加工程序,统一被称作"绿色食品"。其是一种形象化的定义,而并非指绿颜色的食物。类似的食品在其他国家也被称为"生态食品"、"自然食品"、"蓝色天使食品"、"健康食品"、"有机农业食品"等。

绿色食品的特定生产方式是指遵循"可持续发展"的原则,按照绿色食品标准对产品实施全程质量控制并依法对产品实行管理,从而实现经济效益、社会效益和生态效益的同步增长。无污染、安全、优质、营养是绿色食品的特征。无污染是指在绿色食品生产和加工过程中,通过严格监测,控制和防范农药残留、放射性物质含量、重金属和有害细菌等环节,以确保绿色食品产品的洁净,它不仅是指将污染水平控制在危害人体健康的安全限度以内,而且从保护、改善生态环境入手,改变传统食物的生产方式和管理手段,实现农业和食品工业的可持续发展,将环境保护、经济发展和保障人身健康紧密地结合起来,既满足当代人的需求又不危及后代人的发展,从而实现环境、经济、资源和社会的良性发展。

为了保证绿色食品产品的安全、优质、无污染和营养等特性,发展绿色食品必须具备以下条件:产品(原料)产地必须符合绿色食品生态环境质量标准;农作物种植、畜禽饲养、水产养殖及食品加工必须符合绿色食品的生产操作规程;产品必须符合绿色食品质量和卫生标准;产品外包装必须符合国家食品标签通用标准及绿色食品特定的包装、装潢和标签规定。

开发绿色食品有一套较为完整的质量标准体系,其有关标准包括产地环境质量标准、生产技术标准、产品质量和卫生标准、包装标准、贮藏和运输标准以及其他相关标准,它们构成了一套完整的绿色食品质量标准体系。

二、绿色食品的特征

绿色食品与普通食品相比有以下三个显著特征:

(一)强调产品出自最佳生态环境

绿色食品生产从原产地的生态环境入手,通过对原料产地及周围生态因子的严格监测,判定其是否具备生产绿色食品的基础条件。通过对原产地生态条件的严格把关控制,既可以保

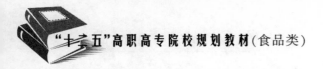

障绿色食品的质量,又可以强化资源和环境保护意识,最终保证农业的可持续发展。

(二)对产品实行全程质量控制

绿色食品生产实施"从土地到餐桌"的全程质量控制。绿色食品生产不仅仅只对最终产品进行分析检测,而是通过对产前环境监测和原料检测,产中的具体生产、加工操作规程的落实以及产后的产品质量、包装、保鲜、运输、贮藏、销售等环节严格把关,从而达到提高整个生产过程的技术含量,确保绿色食品整体产品质量的目的。

(三)对产品依法实行标志管理

绿色食品标志是一个质量证明商标,属知识产权范畴,政府授权专门机构对绿色食品标志依法进行统一、规范的管理,这也是绿色食品与其他食品的不同之处。绿色食品的标志管理手段包括技术手段和法律手段。技术手段是指按照绿色食品标准体系对绿色食品产地环境、生产过程和产品质量进行认证,只有符合其标准的企业和产品才能使用绿色食品标志。法律手段是指绿色食品商标专用权受《中华人民共和国商标法》的保护,企业要按照要求依法、规范使用商标,这既规范了企业的行为又保障了广大消费者的利益。

第二节 绿色食品产生的背景

一、科技发展对资源环境的影响

第二次世界大战以后,世界各国的生产力得到了飞速发展,地球上产生了三种影响深远的变化:一是人类科技迅速发展,特别是欧美和日本等发达国家发展更为迅速,在工业现代化的基础上先后实现了农业现代化,为人类带来了丰富的物质财富,推动了人类文明的进程;二是世界人口急剧增长,食物供需矛盾加大;三是人类在发展经济活动的同时造成了生态环境的严重污染和破坏,对自身的生存构成了威胁,也影响了子孙后代的延续和发展。以上变化实际上反映了人类发展和资源环境的相互关系,它提醒人们只有合理的利用资源,才能使社会生产力和生态环境协调发展。

在人类现代化的发展过程中,不合理的经济活动会给世界资源和环境带来很多问题,例如臭氧层破坏、温室效应、酸雨危害、热带雨林减少、珍稀物种濒临灭绝、土地沙漠化、海洋污染、有毒有害废弃物扩散等。臭氧层的破坏会导致紫外线强度增加,增大人们患皮肤癌的几率;温室气体的排放不仅会影响全球气候的变化,也会对农业生产产生重要影响,甚至会对某些沿海城市的生存构成威胁;热带雨林的退化会造成严重的土壤侵蚀,并会对物种的多样性产生威胁;珍稀物种的灭绝会导致地球遗产资源的减少及生态系统稳定性的降低,造成潜在资源的减少和对自然灾害缓冲力的下降;土地沙漠化也是影响人类生存的严重问题之一;另外酸雨、海洋污染、有毒有害废弃物的扩散等也严重危害了生态环境,造成大气、水和土壤资源的污染并最终危害人类健康,甚至关乎人类的生存。以上问题产生的后果是十分严重的,它会对人类产生一系列直接或间接,短期或长期的危害,并且很多危害是不可逆转的,不仅影响了社会的经济发展,更严重的是对环境造成毁灭性的损害,威胁人类的健康和繁衍生息。

二、世界农业的发展

世界农业的发展主要分成三个阶段:原始农业、传统农业和现代农业,下面进行简要阐述。

(一)原始农业

原始农业是指在原始的自然条件下,采用简陋的石器、棍棒等生产工具,从事简单农事活动的农业。其特征是使用简陋的石制工具,采用粗放的刀耕火种等耕作方法,实行以简单协作为主的集体劳动。大约在距今 12 000 年前,中国新石器时代早期就出现了原始农业的雏形,进入原始农业的重大技术突破是野生植物和动物的驯化,其标志是稻谷和陶器的出现。

(二)传统农业

传统农业是指在完全没有现代投入的前提下,采用人力、畜力、手工工具、铁器等为主的手工劳动方式,采用历史沿袭的耕作方法和农业技术经验,以自给自足的自然经济居主导地位的农业。其基本特征是金属农具和木制农具代替了原始的石器农具,如铁犁、风车、水车、石磨等广泛出现;畜力发展成为主要的生产动力;逐步形成了一整套农业技术措施,如良种选育、积肥施肥、兴修水利、防治病虫害、改良土壤、改革农具、利用能源、实行轮作制等。传统农业在欧洲是从公元前 5 世纪到 6 世纪的古希腊和古罗马的奴隶制社会开始的,直至 20 世纪初逐步转变为现代农业。

(三)现代农业

现代农业是指向农业大量输入机械、化肥、燃料、电力等各种形式的工业辅助能,用现代科技武装,以现代管理理论和方法经营,生产效率达现代先进水平的农业。现代农业相对于传统农业而言,是广泛应用现代科学技术、现代工业提供的生产资料和科学管理方法进行的社会化农业。其主要特征是具备较高的土地产出率和劳动生产率;农业成为可持续发展和高度商业化的产业;实现农业生产物质条件、科学技术、管理方式和农民素质的现代化;实现生产的规模化、专业化和区域化;建立与现代农业相适应的政府宏观调控机制等。18 世纪初西欧和美国分别开始了农业技术革命,1850～1920 年是使用蒸汽动力时期,1920 年汽油内燃机代替了蒸汽机标志着现代农业的形成。20 世纪中期欧美等发达国家相继实现了农业现代化。

(四)现代农业发展的得与失

现代农业的发展对全球经济和社会繁荣带来了巨大的推动力,解决了剧增人口的食物问题,带来了巨大的经济效益。但在发展的同时也带来了一系列的问题:如过度依赖能源(如石油)造成需求激增与供给短缺之间的矛盾;化肥和农药等农用化学物质的过度使用造成环境的污染;农用机械和化肥的大量使用造成土壤质量下降和环境恶化等。其中农业化学物质对环境和资源的破坏影响尤为突出。

在现代农业发展过程中,随着农用化学物质源源不断、大量地向农田中输入,造成有害化学物质通过土壤和水体在生物体内富集,并通过食物链进入农作物和畜禽体内,导致食物污染,最终损害了人体健康。人们把过度依赖化学肥料和农药的农业称为石油农业,它会对环境、资源及人体的健康构成危害,这种危害具有隐蔽性、累积性和长期性的特点。

3

20 世纪发生了一系列由环境污染引起的公害事件,至今人们仍记忆犹新。如 1952 年、1956 年和 1962 年英国相继发生的"伦敦烟雾"事件;1956 年和 1964 年日本发生的"水俣病"和 1968 年"痛痛病"等。由于环境污染隐蔽性和累积性的特点,长期以来一直未受到人们的重视。直到一系列事件发生后人们才逐渐意识到其危害。1962 年,美国海洋生物学家雷切尔·卡逊女士在披露了美国密执安州使用滴滴涕(DDT)消灭榆树害虫,秋天喷过药的树叶凋落,蠕虫吃了落叶,春天知更鸟吃了蠕虫。一星期后,知更鸟几乎全部死亡。卡逊女士在《寂静的春天》一书中写道:"全世界广泛遭受治虫药物的污染,化学药品已经侵入万物赖以生存的水中,渗入土壤,并且在植物上布成一层有害的薄膜……已经对人体产生严重的危害。除此之外,还有可怕的后遗祸患,可能几年内无法查出,甚至可能对遗传有影响,几个世代都无法察觉。"此书一出在全世界引起了强烈反响,卡逊女士的论断无疑给全世界敲响了警钟,自此,全球各国都开始留意本国的环境资源问题,现代农业对资源环境带来的负面影响开始受到世界人们的广泛关注。

三、可持续农业的兴起

20 世纪 70 年代初,由美国、欧洲和日本发起的,限制化学物质过量投入以保护生态环境和提高食品安全性的"有机农业"思潮影响了许多国家。80 年代初期,"可持续农业"的概念得以确立。80 年代后期,在探索可持续农业发展的实践中,出现了两种有代表性的模式:北美的"低外部投入农业"和西欧的"综合农业"模式。前者强调运用现代技术体系,降低化学物质投入,以达到人类和环境的可持续发展;后者主张开发生物种群,利用物种之间的相互牵制,建立综合农业系统,通过合理安排生物量比,增大生物多样性,抑制有害生物种群,从而达到降低化学投入。总而言之,二者的主要目的都是降低化学投入,保护资源环境,维护生态平衡。1992 年联合国在里约热内卢召开的环境与发展大会上,许多国家从农业着手,采取经济措施和法律手段,鼓励、支持本国无污染食品的开发和生产,积极探索农业可持续发展的模式,以减缓石油农业对环境和资源造成的严重压力。欧洲、美国、日本和澳大利亚等发达国家和一些发展中国家纷纷加快了生态农业的研究步伐。由于发达国家大多采用集约化农业生产方式,发展可持续农业主要解决常规农业产生的负面影响,如水源污染、土壤板结等;而发展中国家大多采用粗放式的经营方式,发展可持续农业主要解决过度耕作、过度放牧引起的土壤沙漠化、盐渍化等问题。另外由于发达国家农产品相对过剩,因而强调在保护环境和资源的前提下发展农业;而发展中国家农产品供给相对短缺,因此强调在发展农业的前提下重视资源与环境。尽管二者的侧重点有所不同,但共同点都是要合理利用资源环境,尽量减轻农业带来的负面影响,确保农业的可持续发展。

第三节 我国绿色食品的发展状况

一、我国绿色食品产生的必然性

(一)资源环境压力增大

1950 年,我国开始允许使用有机氯农药,截至 20 世纪 80 年代末共施用六六六 400 万吨,滴滴涕50万吨,造成1000万公顷土地受到污染。1992年全国农药、化肥的折纯量分别达到22万吨和2930万吨。随着我国工业的快速发展,环境也受到"工业三废"带来的严重污染。目前我国资源和环境方面存在着耕地数量减少、质量下降、水土流失严重、土地沙漠化、草原退化和环境污染日益严重等问题。我国人口每年以1000万的速度增长,而耕地以每年50万公顷的速度减少,草场、森林和水资源也短缺,增长的人口和环境资源恶化之间的矛盾愈演愈烈。人口剧增、资源短缺和生态环境的恶化严重制约了农业的可持续发展。

(二)人们对食品质量要求增高

随着我国人们生活水平的提高,人们在解决温饱问题的基础上,开始将重点转向到对食品的安全问题上。主要表现在对食品品质、加工质量、卫生标准等方面要求严格,除了对食品固有营养的要求外,还要求食品在生产制作过程中拒绝滥用农药化肥,拒绝食品添加剂等化学物质的添加,拒绝添加使用非食用物质,拒绝农药、化肥和重金属等有害物质超标,除此之外对产品包装的美观、材料等方面均有要求,人们对安全食品的需求也随着生活水平的提高逐渐显现。

(三)国际市场的需求

20世纪90年代,可持续农业的发展模式受到了世界各国的纷纷响应。我国以开发无污染的食品作为突破口,将保护环境、发展经济和提高人们生活水平结合起来,促进了农业、食品工业和社会经济的可持续发展。绿色食品的产生是顺应世界进步潮流的结果,绿色食品标准也是我国农产品技术标准与国际市场接轨的具体表现,另外绿色食品也是我国农产品进军国际市场,提高我国农产品整体形象的具体产品。

二、我国绿色食品发展历程

1989年,农业部在研究制定农业企业经济和社会发展"八·五"规划和2000年发展设想,寻找提高农业企业经济效益的突破口问题时,认为应该抓好三件事:一是拳头产品;二是重点企业;三是与拳头产品和重点企业相配套的攻关技术。当时农垦系统已形成了以粮、棉、粮、胶、奶为主的拳头产品。专家们根据农垦系统自身的特点以及经济和社会发展的需求,提出发展另一个拳头产品即"无污染食品",并赋予它一个形象而有生命力的名称"绿色食品"。从1990年5月15日起,中国正式宣布开始发展绿色食品,至今中国绿色食品的事业已经历了二十一年的发展历程,这个历程又可分为三个阶段:

(一)第一阶段:农垦系统启动的基础建设阶段(1990年~1993年)

1990年,绿色食品工程在农垦系统正式实施。在绿色食品工程实施后的三年中,完成了一系列的基础建设工作,主要包括:在农业部设立绿色食品专门机构并在全国省级农垦管理部门成立相应的机构;以农垦系统产品质量监测检测机构为依托,建立绿色食品产品质量监测系统;制订一系列技术标准;制订并颁布了《绿色食品标志管理办法》等有关管理规定;对绿色食品标志进行商标注册;加入了"有机农业运动国际联盟"组织。与此同时,绿色食品开发也在一些农场快速起步,并不断取得进展。1990年绿色食品工程实施的当年,全国就有127个产品获得绿色食品标志商标使用权。1993年全国绿色食品发展出现第一个高峰,当年新增绿色产品

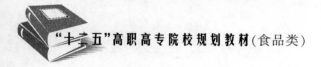

数量达到 217 个。

(二)第二阶段:向全社会推进的加速发展阶段(1994 年~1996 年)

这一阶段绿色食品发展呈现出以下五个特点:

(1)产品数量连续两年高增长。1995 年新增产品达 263 个,超过 1993 年最高水平 1.07 倍;1996 年继续保持快速增长势头,新增产品 289 个,增长 9.9%。

(2)农业种植规模迅速扩大。1995 年绿色食品农业种植面积达到 1700 万亩(亩是非法定计量单位,它与法定计量单位公顷的换算关系是:1 亩 = 0.066 公顷),比 1994 年扩大 3.6 倍;1996 年扩大到 3200 万亩,增长 88.2%。

(3)产量增长超过产品个数增长。1995 年主要产品产量达到 210 万吨,比上年增加 203.8%,超过产品个数增长率 4.9 个百分点;1996 年达到 360 万吨,增长 71.4%,超过产品个数增长率 61.5 个百分点,绿色食品企业规模在不断扩大。

(4)产品结构趋向居民日常消费结构。与 1995 年相比,1996 年粮油类产品比重上升 53.3%,水产类产品上升 35.3%,饮料类产品上升 20.8%,畜禽蛋奶类产品上升 12.4%。

(5)县域开发逐步展开。全国许多县、市依托本地资源,在全县范围内建立绿色食品生产基地,绿色食品开发成为县域经济发展富有特色和活力的增长点。

(三)第三阶段:向社会化、市场化、国际化全面推进阶段(1997 年至今)

在这个阶段,绿色食品发展又出现了新特点,其主要标志是社会化、市场化、国际化、产业化进程明显加快。我国许多地方的政府和部门都开始重视绿色食品的发展,广大消费者对绿色食品认知程度也越来越高,新闻媒体主动宣传、报道绿色食品,理论界和学术界也日益重视对绿色食品的探讨。

三、我国绿色食品的发展现状

我国绿色食品的生产开发取得了令人瞩目的成就。

(一)组建了各级绿色食品管理机构

从中国绿色食品网得知,截至 2010 年 12 月,中国绿色食品发展中心已经在全国 31 个省、市、自治区组建了绿色食品委托管理机构 42 个,并在各省市委托设立了绿色食品产地环境监测及环境质量评价机构,在全国分区委托了 73 个环境监测机构和 54 个食品检测机构负责绿色食品的环境监测和产品质量检测,从而形成了有序的绿色食品组织管理、质量管理和技术监督网络。

(二)树立了绿色食品事业的整体形象

通过宣传,越来越多的企业和消费者对绿色食品的概念与内涵有了正确的理解,越来越多的领导开始重视本地区绿色食品事业发展。我国绿色食品发展也日益受到国际社会的好评。持续不断的宣传工作不仅进一步扩大了绿色食品事业在各方面的影响,而且有力地促进了产品开发和市场建设。

(三)建设和完善了绿色食品标准体系

中国绿色食品发展中心与有关科研部门配合,制定了一批具有国内外先进水平的绿色食品产地环境监测及评价标准、生产和加工技术标准、产品质量标准和产品包装标准;制订了绿色食品分级标准(A 级和 AA 级),其中 AA 级绿色食品标准直接与国际相关待业标准接轨。现行有效的有 111 个绿色食品产品标准和 38 项绿色食品生产技术规程。以上标准的建立不仅提高了绿色食品事业的科技水平,而且促进了绿色产品开发,初步形成了绿色食品生产过程质量控制保障体系。

(四)绿色食品开发和管理进入了规范、有序的轨道

标志管理是绿色食品事业的核心,而商标注册是绿色食品标志管理的法律依据。1996 年,中国绿色食品发展中心在国家工商行政管理局完成了绿色食品标志图形、中英文及图形、文字组合等四种形式在九类商品共 33 件证明商标的注册工作,从而使绿色食品标志商标成为我国农业领域第一个证明商标,绿色食品的开发和管理工作正式步入法制化的轨道,标志着绿色食品作为一项拥有自主知识权的产业在中国已初步形成,同时也标志着一种新的生产方式和消费观念被认可。

(五)绿色食品产品开发已初具规模

1991 年国家投资兴建了七个绿色食品基地,如长春牛奶示范中心、上海五四农场蔬菜基地,还有浙江、北京、福建、广东和湖南等地的蔬菜、香蕉和茶叶生产基地等。基地的建设使绿色食品生产进一步基地化和产业化。截至 1995 年底,正在使用绿色食品标志的绿色食品产品共有 568 个,这些产品分布在全国各地,相当一部分还是全国和各地的名牌产品,如山东孔府宴酒、华东葡萄酒、黑龙江完达山奶粉、五常大米、河北长城葡萄酒、安徽贡菜、甘肃苹果梨、新疆葡萄干和红花油等。截至 2010 年 12 月绿色食品产品数量增加到 10889 个。绿色食品进入市场后,不仅深受消费者的欢迎,而且为广大食品企业和农户带来了可观的经济效益。

绿色食品的开发受到各地的广泛重视。在一些地区,绿色食品生产不仅是农产品食品业发展的重点,而且是这些地区经济发展的目标产业。如黑龙江省把建设绿色食品生产基地作为由"农业大省"转变为"农业强省"的一项战略举措;山东省将进行绿色食品发展列入省政府工作议事日程;湖南省和河北省将其列入全省食品工业"九·五"计划的重点项目;天津市将其作为"米袋子"、"菜篮子"工程建设的重要领域等。

由于绿色食品开发力度的加强,促使一些地区形成了绿色食品发展的区域性格局。一些地区注重绿色食品的基地建设,一些地区则注重绿色食品的市场建设,从而开拓出更广阔的绿色食品市场。总之,在"八·五"期间,我国绿色食品就已经迈出了向社会化和产业化方向发展的坚实步伐。随着宣传力度、产品品种和数量的增加、产品质量的提升以及流通渠道的完善,绿色食品将很快地从潜在需求变成现实需求并最终走进千家万户。

(六)绿色食品已跨出国门,走向世界

自 1993 年开始,在国家外交部、财政部和农业部的联合支持下,中国绿色食品发展中心积极加入到有机农业国际联盟组织,进一步加强了与世界各国有机农业组织间的交流与合

作,我国绿色食品的发展日益受到世界各国的广泛关注,赢得了良好的声誉。联合国粮农组织驻华代表称赞"中国的绿色食品事业是一项杰出的事业";世界持续农业协会负责人称"中国的绿色食品创造了一个崭新的持续发展模式";有机农业运动国际联盟的主席认为"中国的绿色食品实践在许多方面已走在了世界同类食品发展的前列";印度的同行认为"中国的绿色食品事业为发展中国家树立了榜样"。近年来,先后有辽宁盘锦的大米、山东荣成和沂水的花生、河北的红小豆等绿色食品产品成规模地打入国际市场,初步树立了我国绿色食品的精品形象。

四、我国绿色食品产业发展的思路与对策

21世纪的主导农业是生态农业,21世纪的主导食品是绿色食品。我国绿色食品工作的总体思路是:按照农业部农产品质量安全工作的总体部署和要求,继续坚持"确保质量、加快发展"的指导思想及"政府引导与市场运作相结合"的原则,采取有力措施,保持绿色食品事业健康快速发展。为促进绿色食品的发展,还应采取以下对策:

(一)培育全社会绿色食品消费意识

国家要通过各种方式,加强全民的绿色食品宣传教育,培养人们的绿色食品消费意识,让全社会意识到可持续发展的重要性以及绿色食品本身对保障人们的健康所带来的有益作用。与此同时,要进一步加强绿色食品知识和技术的培训,全面提高绿色食品管理部门和生产经营部门相关人员的技术水平,为绿色食品的发展提供有力的人才和科技支持。通过各种渠道,让广大人民群众、各级政府、基础主管部门相关人员等了解发展绿色食品的重要性,并把提高环保意识、生存意识、生命健康意识上升到关乎民族发展的高度上来,以推动绿色食品的健康发展。

(二)完善绿色食品管理体系

绿色食品的发展是农业部门的一项重要工作,各级农业主管部门要抓好落实,完善其管理体系。

(1)各地政府要制定绿色食品产业发展规划,推进绿色食品产业社会化服务体系和标准化体系建设。

(2)开展绿色食品的宣传和技术培训。

(3)利用经济杠杆,引导农民使用环保材料。

(4)积极发展绿色食品企业申报。

(5)加大对伪劣行为查处的执法力度,为绿色食品发展创造良好的环境。

(6)加强与国际组织和先进国家有关部门的交流与合作,扩大绿色食品出口。

(三)改善生态环境,走可持续发展的道路

我国要顺应世界可持续发展潮流,吸取传统农业中积累的经验,切实推行绿色农业的发展。目前我国在引导农民正确使用农药、化肥等物资方面已取得一些成效,并且在我国的一些地区,尤其是偏远山区,农民很少甚至不使用农药和化肥。在这些地区,通过合理地规范和管理很容易开展绿色食品生产。

（四）以市场为导向促进绿色食品产业发展

企业在发展绿色商品的同时,要积极把握市场走向,合理进行绿色食品的开发和生产,主要应做好以下几个方面的工作:

(1)选好分销渠道,开展绿色营销。

(2)弘扬绿色文化,树立品牌意识。

(3)把握技术环节,降低生产成本。

(4)根据市场容量,合理发展生产。

（五）积极推进绿色食品的产业化研究

推进绿色食品的产业化经营,要根据我国国情合理调整农业产业结构、合理进行区域化布局、规范基地生产。绿色食品生产是将产品生产、加工、销售和农科教紧密结合在一起的完整产业链,实现其产业化经营,对推动农村经济建设,促进社会发展意义重大。

（六）制定相关法律保障食品质量

国家应制定相关的法律法规,对绿色食品依法进行管理,其有利作用主要体现在以下方面:

(1)国家的重视是推动绿色食品发展的重要保障。

(2)法律的制定将扩大绿色食品专家队伍的建设。

(3)有利于人们消费意识的健全。

(4)进一步规范绿色食品的生产和销售。

五、我国绿色食品的发展趋势

目前我国的绿色食品不仅显示出巨大的发展潜力,而且在多种农业生态区域、气候类型、经济状况、社会制度及人文地理等方面表现出广泛的适应性。今后,绿色食品的发展将呈现以下态势:

（一）绿色食品生产将成为农业发展的主导模式

21世纪,面对日益严重的环境和资源问题,世界各国相继开展了绿色食品生产的实践探索。政府方面,无论是美国、欧盟等发达国家,还是阿根廷、斯里兰卡等发展中国家,非洲的一些国家例如肯尼亚也已开始绿色食品生产的研究和探索。民间方面,在生产领域,无论是发达国家的农场主,还是发展中国家小规模经营的农户,对从事绿色食品生产越来越感兴趣;在消费领域,随着经济的发展,人们收入水平的提高和食品安全意识的增强,消费者对绿色食品的需求日益增长。毋庸置疑,绿色食品产业作为一项新兴的产业,已在世界消费市场上具有极大的吸引力和竞争力,并将在21世纪成为世界农业发展的主导产业和新的经济增长点。

（二）绿色食品的技术标准及认证体系国际化进程将进一步加快

20世纪90年代,全球农产品生产贸易出现了三个引人注目的变化:一是高附加值、高科技含量的农产品生产和贸易发展迅速,比重也日益增长;二是各国对食品卫生和质量监控越来越严格,标准也越来越高,尤其是农产品的环保标准和卫生标准;三是食品生产的方式及其对环境的影响日益受到重视。这就要求所有食品在进入国际市场前要经过权威机构的认证,获得一张"绿色"通行证。目前,国际标准化委员会(ISO)制定的环境国际标准 ISO 14000,与以前制定的质量管理与质量保证体系 ISO 9000 一起被作为世界贸易标准。由此可见,随着世界经济一体化及贸易自由化的发展,各国在降低关税的同时,与环境技术贸易相关的非关税壁垒也日趋森严。食品的生产方式、技术标准、认证管理等延伸扩展性附加条件对农产品国际贸易将产生重要影响。因此,今后我国绿色食品标准必须与世界食品法典委员会制定的有关食品标准以及 ISO、WTO 等国际组织制定的有关产品的标准趋向协调、统一,应参照国际通用标准,修改和完善我国绿色食品质量、安全、卫生标准体系,加快绿色食品生产、加工、流通过程的标准化建设并尽快建立起一套具有国际水准的绿色食品标准体系。

(三)科学技术的研究、应用和推广将成为绿色食品发展的主动力

21 世纪是知识经济的时代,科技进步与创新至关重要,绿色食品发展更加依赖于科技的推动。绿色食品发展突破了常规农业生产方式,将传统农艺精华与现代科学技术有机结合,形成了自己独特的生产和管理体系。在投入要素的使用上力求减少或避免对产品与环境的污染,实现产品质量提升和生态环境保护的双重目标。在加工、包装、贮运等产后环节,科技进步与创新对产品质量的保障也是不容忽视的。在产品上,技术进步与创新可以使劳动生产率提高,资源消耗减少,产品成本降低,从而进一步扩大市场容量和提高生产者的经济效益。在绿色食品生产技术上,今后要加强四个方面的研究和探索:一是围绕可持续农业的发展体系,进一步推进相关技术在生产实践中的应用;二是保持绿色食品生产技术本身的持续进步;三是以标准制订和完善为切入点,提高绿色食品生产技术水平;四是加快生物肥料、农药、天然食品、饲料添加剂及动植物生长调节剂等生产资料的研制和开发,尽快解决绿色食品生产过程中面临的一系列技术及服务短缺问题。

(四)绿色食品生产经营产业化发展趋势将进一步凸现

目前,我国绿色食品在其生产领域中尚未形成产业集群发展的格局,存在生产经营分散、产业规模小、科技含量低、加工程度低、产业链条短、经济效益低、缺乏市场竞争力等问题。在这种背景下,合理引导我国绿色食品生产实现产业化经营,走一体化的道路显得尤为重要。即通过综合协调将产前、产中、产后部门有机结合,形成以农业自然资源为基础,以市场为导向,以利益为纽带,通过市场带动基地,基地带动农户,通过高新技术改造传统农业技术,实现绿色食品生产的一体化建设。今后,我国的绿色食品产业将逐步形成"以市场需求为导向、标志品牌为纽带、龙头企业为主体、基地建设为依托、农户参与为基础"的产业一体化发展格局,并呈现出区域性辐射、规模化生产、行业性带动的发展趋势。

第四节　绿色食品开发管理体系

一、绿色食品开发管理体系的组成

绿色食品开发管理体系由严密的质量标准体系、全程质量控制措施、网络化的组织系统、规范化的管理方式四个基本部分组成。

（一）严密的质量标准体系

绿色食品产地环境质量标准、生产技术标准、产品标准、产品包装标准和贮藏、运输标准等构成了一个完整的绿色食品质量标准体系。

1. 绿色食品产地环境质量标准

要求绿色食品初级产品及加工产品的主要原料产地内没有工业类企业的直接污染，水域上游和上风口没有对该区域直接构成污染威胁的污染源，以确保产地区域内大气、土壤、水体等生态因子符合绿色食品产地生态环境质量标准，并有相应的保障措施，至少确保该区域在今后的生产过程中环境质量不下降。

2. 绿色食品生产技术标准

生产技术标准是指绿色食品在种植、养殖和食品加工各个环节中必须遵循的技术规范。该标准的核心内容是：在总结各地作物种植、畜禽饲养、水产养殖和食品加工等生产技术和经验的基础上，按照绿色食品生产资料使用准则的要求，进行绿色食品生产和加工活动。

3. 绿色食品产品标准

绿色食品产品标准是以国家标准为基础，参照国际标准和国外先进技术制定的，其突出特点是产品的卫生指标高于国家现行标准。绿色食品最终产品必须由定点的食品检测机构依据绿色食品产品标准进行检测。

4. 绿色食品产品包装标准

规定了产品包装必须遵循的原则、包装材料的选择、包装标识内容等要求，目的是防止产品遭受污染、资源过度浪费，并促进产品销售，保护广大消费者的利益，同时有利于树立绿色食品产品整体形象。

（二）全程质量控制措施

绿色食品生产实施"从土地到餐桌"的全程质量控制，以保证产品的整体质量。绿色食品在开发的过程中，生产前产地环境由定点的环境监测机构对其质量进行监测和评价，以保证生产地域没有遭受污染；在生产过程中，由委托的管理机构派检查员检查生产者是否按照绿色食品生产技术标准进行生产，检查生产企业的生产资料购买、使用情况是否符合有关规定和要求，以证明生产行为对产品质量和产地环境质量是有益的；生产后由定点产品检测机构对最终产品进行检测，确保最终产品质量符合标准。

（三）科学、规范的管理手段

中国绿色食品实行统一规范的标志管理，即通过对符合特定标准的产品发放特定的标志，用以证明产品的特定身份，以便区别于一般同类产品。从形式上看，绿色食品标志管理是一种质量认证行为，但绿色食品标志是在国家工商行政管理局注册的一个商标，受《中华人民共和国商标法》的保护，在具体运作上完全按商标性质处理。因此，绿色食品在认定的过程中是质量认证行为，在认定后是商标管理行为。绿色食品标志管理实现了质量认证和商标管理的有机结合。实现这个结合，保证了绿色食品的认定具备了产品质量认证的严格性和权威性，同时又具备商标使用的法律地位。实施绿色食品标志管理既可以有效地规范企业的生产和流通行为，又有利于保护广大消费者的权益。既可以有效地促进企业争创名牌，开拓市场，又有利于

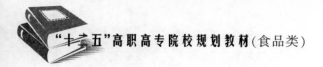

绿色食品产业化发展。从另一个角度看,绿色食品标志的商标注册和规范使用,使绿色食品具有了可识别性。

(四)高效的组织网络系统

为了将分散的农户和企业组织发动起来,进入绿色食品的管理和开发行列,中国绿色食品发展中心构建了三个组织管理系统,并形成了高效的网络系统:一是在全国各地委托了分支管理机构,协助和配合中国绿色食品发展中心,开展绿色食品宣传、发动、指导、管理、服务工作;二是委托全国各地有省级计量认证资格的环境监测机构,负责绿色食品产地环境监测与评价;三是委托区域性的食品质量检测机构,负责绿色食品产品质量检测。绿色食品组织网络建设采取委托授权的方式,并使管理系统与监测(检测)系统分离,这样不仅保证了绿色食品监督工作的公正性,而且也增加了整个绿色食品开发管理体系的科学性。

二、绿色食品开发管理体系的特征

绿色食品开发管理体系与现代常规农业和其他食品业生产体系不同,主要表现在以下几个方面:

(1)在发展目标上,绿色食品生产在追求高产量、高效益的同时,融入了环境和资源保护意识、质量控制意识和知识产权保护意识,不仅要实现高产、优质、高效的结合,而且要追求经济效益、生态效益和社会效益的统一。

(2)在技术路线上,强调谨慎的选择,结合传统技术和现代技术,尤其是我国传统农业的优秀农艺技术和当今高新技术,以适度的技术,配合一体化的管理,合理配置生产要素,获取综合效益。

(3)在生产方式上,通过制定标准,推广生产操作规程,配合技术措施,辅之科学管理,将农业生产过程的诸多环节紧密融为一体,实现了产加销、农工商的有机结合,提高了农业生产过程的技术含量和农业生态经济的高效率、高效益产出。

(4)在产品质量控制方式上,首先强调"产品出自最佳生态环境",将环境资源保护意识自觉地融入生产者的经济行为之中。另外,通过满足广大消费者对食品的高要求,促使生产者改变传统的生产方式和方法,最终实现产品"从土地到餐桌"的全程质量控制观念和模式。

(5)在管理方式上,通过对产品实行统一、规范的标志管理,实行了质量认证和商标管理的有机结合,从而使生产主体在市场经济环境下明确了自身的组织行为和生产行为。

(6)在组织方式上,通过绿色食品标志管理和推广全程质量控制技术措施,将分散的农户有组织地引导到绿色食品产业一体化发展进程当中,将分散的产品有组织地推向国内外市场,从而通过技术和管理构造出中国绿色食品产业的形象和体系。

 思 考 题

1. 绿色食品的概念是什么?
2. 绿色食品有哪些基本特征?
3. 简述我国绿色食品的发展历程。
4. 绿色食品开发管理体系有哪些特征?

第二章 绿色食品标准

标准是对一定范围内的重复性事物和概念所做的统一规定。它以科学、技术和实践经验的综合成果为基础，以获得最佳秩序、促进最佳社会效益为目的，经有关方面协商一致，由主管机构批准，以特定形式发布，作为共同遵守的准则和依据。现代化的大生产是以先进的科学技术和生产的高度社会化为特征的。先进的科学技术表现为生产过程速度加快、质量提高、生产的连续性和节奏性等要求增强；生产的高度社会化表现为社会分工越来越细，各部门之间的联系日益密切。由此可见，没有科学管理是不可想象的，同样，没有标准化也是不可想象的。随着市场经济的不断发展，企业间的横向联系也在不断扩大。现代化的大生产必定要以技术上的高度统一与广泛的协调为前提，而标准恰是实现这种统一与协调的手段。标准的水平标志着产品的质量水平，没有高水平的标准，就没有高质量的产品。现在流行的一句话就是"一流企业卖标准，二流企业卖技术，三流企业卖产品"；我们国家对于标准的建设越来越重视，目前已把它上升到一个战略高度来认识，制定了三大战略思想"专利、人才、标准"，由此可见标准的重要程度。

在经济全球化的进程不断加快，科技进步日新月异，综合国力竞争日趋激烈的21世纪，中国进入了全面建设小康社会，实现经济、社会的和谐与繁荣发展的关键时期。国内外形势的发展变化，对中国技术标准提出了新的战略需求，因此，制定适应中国经济社会发展要求，满足国际竞争需要的技术标准战略，是应对进入新世纪的各种机遇和挑战的必然选择。绿色食品正是因为建立了自己的标准体系，并以此为认证管理的依据，才得以保证其"无污染、安全、优质、营养"的特征。绿色食品标准是绿色食品认证和管理的依据和基础，是整个绿色食品工业发展的重要技术支撑，也是打破国际贸易技术壁垒的技术手段之一。

我国标准分为国家标准、行业标准、地方标准和企业标准四个层级，并将标准分为强制性标准和推荐性标准两类。其中国家标准是四级标准体系中的主体；行业标准是国家标准的补充，是专业性、技术性较强的标准，国家标准公布实施后，相应的行业标准即行废止；而地方标准仅适用于本行政区域，在国家标准、行业标准公布实施后即行废止。国家鼓励企业制定严于国家标准或行业标准的企业标准，在企业内部实行，我国现行有效的绿色食品标准属于行业标准。

第一节 绿色食品标准的概念及构成

一、绿色食品标准的概念

绿色食品标准是应用科学技术原理，结合绿色食品生产实践，借鉴国内外相关标准所制定的在绿色食品生产中必须遵守、在绿色食品认证时必须依据的技术性文件。绿色食品标准不是单一的产品标准，而是由一系列标准构成的完善的标准体系。绿色食品标准是国家农业部发布的推荐性行业标准（NY/T），对经认证的绿色食品生产企业来说，是强制性标准，必须严格执行。

二、绿色食品标准体系的构成

我国绿色食品标准体系建设注重落实"从土地到餐桌"的全程质量控制理念,经过20多年的发展,逐步形成了包括绿色食品产地环境质量标准(即《绿色食品产地环境质量标准》)、绿色食品生产技术标准、绿色食品产品标准、绿色食品包装标签标准等六大部分的一个完整、科学的标准体系(图2-1),对绿色食品生产的产前、产中和产后全过程的各生产环节进行规范,既保证了产品无污染、安全、优质、营养的品质,又保护了产地环境,并使资源得到合理利用,以实现绿色食品的可持续生产。按我国标准体系的层次结构,绿色食品标准体系涉及三个层次的标准,即行业标准、地方标准和企业标准。截至2010年底,农业部共累计发布绿色食品的农业行业标准156项,现行有效标准126项(见表2-1),其中基础通则类标准15项,产品标准111项,这些标准为促进绿色食品事业的健康快速发展,确保绿色食品的质量打下了坚实的基础。

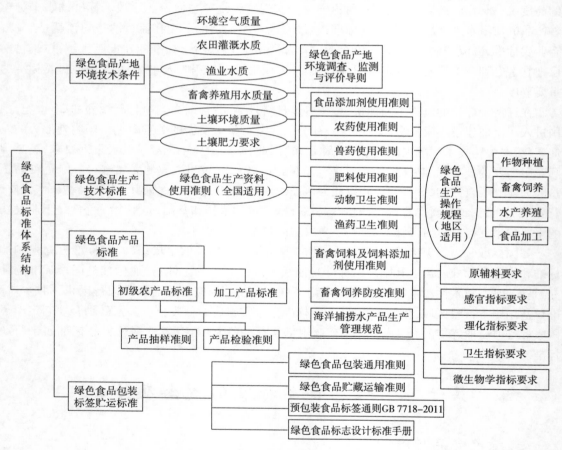

图2-1 绿色食品标准体系结构图

表2-1 现行有效使用绿色食品标准目录

序号	标准编号	标准名称
1	NY/T 391—2000	绿色食品 产地环境技术条件
2	NY/T 392—2000	绿色食品 食品添加剂使用准则

续表

序号	标准编号		标准名称
3	NY/T 393—2000	绿色食品	农药使用准则
4	NY/T 394—2000	绿色食品	肥料使用准则
5	NY/T 471—2010	绿色食品	畜禽饲料及饲料添加剂使用准则
6	NY/T 472—2006	绿色食品	兽药使用准则
7	NY/T 473—2001	绿色食品	动物卫生准则
8	NY/T 658—2002	绿色食品	包装通用准则
9	NY/T 755—2003	绿色食品	渔药使用准则
10	NY/T 896—2004	绿色食品	产品抽样准则
11	NY/T 1054—2006	绿色食品	产地环境调查、监测与评价导则
12	NY/T 1055—2006	绿色食品	产品检验规则
13	NY/T 1056—2006	绿色食品	贮藏运输准则
14	NY/T 1891—2010	绿色食品	海洋捕捞水产品生产管理规范
15	NY/T 1892—2010	绿色食品	畜禽饲养防疫准则
16	NY/T 268—1995	绿色食品	苹果
17	NY/T 273—2002	绿色食品	啤酒
18	NY/T 274—2004	绿色食品	葡萄酒
19	NY/T 285—2003	绿色食品	豆类
20	NY/T 286—1995	绿色食品	大豆油
21	NY/T 287—1995	绿色食品	高级大豆烹调油
22	NY/T 288—2002	绿色食品	茶叶
23	NY/T 289—1995	绿色食品	咖啡粉
24	NY/T 290—1995	绿色食品	橙汁和浓缩橙汁
25	NY/T 291—1995	绿色食品	番石榴果汁饮料
26	NY/T 292—1995	绿色食品	西番莲果汁饮料
27	NY/T 418—2007	绿色食品	玉米及玉米制品
28	NY/T 419—2007	绿色食品	大米
29	NY/T 420—2009	绿色食品	花生及制品
30	NY/T 421—2000	绿色食品	小麦粉
31	NY/T 422—2006	绿色食品	食用糖
32	NY/T 423—2000	绿色食品	鲜梨
33	NY/T 424—2000	绿色食品	鲜桃
34	NY/T 425—2000	绿色食品	猕猴桃
35	NY/T 426—2000	绿色食品	柑橘
36	NY/T 427—2007	绿色食品	西甜瓜

第二章 绿色食品标准

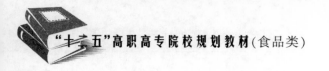

续表

序号	标准编号	标准名称
37	NY/T 429—2000	绿色食品　黑打瓜籽
38	NY/T 430—2000	绿色食品　食用红花籽油
39	NY/T 431—2009	绿色食品　果(蔬)酱
40	NY/T 432—2000	绿色食品　白酒
41	NY/T 433—2000	绿色食品　植物蛋白饮料
42	NY/T 434—2007	绿色食品　果蔬汁饮料
43	NY/T 435—2000	绿色食品　水果、蔬菜脆片
44	NY/T 436—2009	绿色食品　蜜饯
45	NY/T 437—2000	绿色食品　酱腌菜
46	NY/T 654—2002	绿色食品　白菜类蔬菜
47	NY/T 655—2002	绿色食品　茄果类蔬菜
48	NY/T 657—2007	绿色食品　乳制品
49	NY/T 743—2003	绿色食品　绿叶类蔬菜
50	NY/T 744—2003	绿色食品　葱蒜类蔬菜
51	NY/T 745—2003	绿色食品　根菜类蔬菜
52	NY/T 746—2003	绿色食品　甘蓝类蔬菜
53	NY/T 747—2003	绿色食品　瓜类蔬菜
54	NY/T 748—2003	绿色食品　豆类蔬菜
55	NY/T 749—2003	绿色食品　食用菌
56	NY/T 750—2003	绿色食品　热带、亚热带水果
57	NY/T 751—2007	绿色食品　食用植物油
58	NY/T 752—2003	绿色食品　蜂产品
59	NY/T 753—2003	绿色食品　禽肉
60	NY/T 754—2003	绿色食品　蛋及蛋制品
61	NY/T 840—2004	绿色食品　虾
62	NY/T 841—2004	绿色食品　蟹
63	NY/T 842—2004	绿色食品　鱼
64	NY/T 843—2009	绿色食品　肉及肉制品
65	NY/T 844—2010	绿色食品　温带水果
66	NY/T 891—2004	绿色食品　大麦
67	NY/T 892—2004	绿色食品　燕麦
68	NY/T 893—2004	绿色食品　粟米
69	NY/T 894—2004	绿色食品　荞麦
70	NY/T 895—2004	绿色食品　高粱

续表

序号	标准编号	标准名称
71	NY/T 897—2004	绿色食品 黄酒
72	NY/T 898—2004	绿色食品 含乳饮料
73	NY/T 899—2004	绿色食品 冷冻饮品
74	NY/T 900—2007	绿色食品 发酵调味品
75	NY/T 901—2004	绿色食品 香辛料
76	NY/T 902—2004	绿色食品 瓜子
77	NY/T 1039—2006	绿色食品 淀粉及淀粉制品
78	NY/T 1040—2006	绿色食品 食用盐
79	NY/T 1041—2010	绿色食品 干果
80	NY/T 1042—2006	绿色食品 坚果
81	NY/T 1043—2006	绿色食品 人参和西洋参
82	NY/T 1044—2007	绿色食品 藕及其制品
83	NY/T 1045—2006	绿色食品 脱水蔬菜
84	NY/T 1046—2006	绿色食品 焙烤食品
85	NY/T 1047—2006	绿色食品 水果、蔬菜罐头
86	NY/T 1048—2006	绿色食品 笋及笋制品
87	NY/T 1049—2006	绿色食品 薯芋类蔬菜
88	NY/T 1050—2006	绿色食品 龟鳖类
89	NY/T 1051—2006	绿色食品 枸杞
90	NY/T 1052—2006	绿色食品 豆制品
91	NY/T 1053—2006	绿色食品 味精
92	NY/T 1323—2007	绿色食品 固体饮料
93	NY/T 1324—2007	绿色食品 芥菜类蔬菜
94	NY/T 1325—2007	绿色食品 芽苗类蔬菜
95	NY/T 1326—2007	绿色食品 多年生蔬菜
96	NY/T 1327—2007	绿色食品 鱼糜制品
97	NY/T 1328—2007	绿色食品 鱼罐头
98	NY/T 1329—2007	绿色食品 海水贝
99	NY/T 1330—2007	绿色食品 方便主食品
100	NY/T 1405—2007	绿色食品 水生类蔬菜
101	NY/T 1406—2007	绿色食品 速冻蔬菜
102	NY/T 1407—2007	绿色食品 速冻预包装面米食品
103	NY/T 1506—2007	绿色食品 食用花卉
104	NY/T 1507—2007	绿色食品 山野菜制品

第二章 绿色食品标准

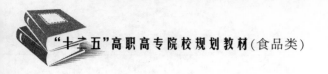

续表

序号	标准编号	标准名称
105	NY/T 1508—2007	绿色食品　果酒
106	NY/T 1509—2007	绿色食品　芝麻及其制品
107	NY/T 1510—2007	绿色食品　麦类制品
108	NY/T 1511—2007	绿色食品　膨化食品
109	NY/T 1512—2007	绿色食品　生面食、米粉制品
110	NY/T 1513—2007	绿色食品　畜禽可食用副产品
111	NY/T 1514—2007	绿色食品　海参及制品
112	NY/T 1515—2007	绿色食品　海蜇及制品
113	NY/T 1516—2007	绿色食品　蛙类及制品
114	NY/T 1709—2009	绿色食品　藻类及其制品
115	NY/T 1710—2009	绿色食品　水产调味品
116	NY/T 1711—2009	绿色食品　辣椒制品
117	NY/T 1712—2009	绿色食品　干制水产品
118	NY/T 1713—2009	绿色食品　茶饮料
119	NY/T 1714—2009	绿色食品　婴幼儿谷粉
120	NY/T 1884—2010	绿色食品　果蔬粉
121	NY/T 1885—2010	绿色食品　米酒
122	NY/T 1886—2010	绿色食品　复合调味料
123	NY/T 1887—2010	绿色食品　乳清制品
124	NY/T 1888—2010	绿色食品　软体动物休闲食品
125	NY/T 1889—2010	绿色食品　烘炒食品
126	NY/T 1890—2010	绿色食品　蒸制类糕点

(一)绿色食品产地环境质量标准

绿色食品产地环境质量标准制定的目的,一是强调绿色食品必须产自良好的生态环境地域,以保证绿色食品最终产品的无污染和安全性;二是促进对绿色食品产地环境的保护和改善。

绿色食品产地环境质量标准规定了产地的空气质量标准、农田灌溉水质标准、渔业水质标准、畜禽养殖用水标准和土壤环境质量标准的各项指标以及浓度限值、监测和评价方法。提出了绿色食品产地土壤肥力分级和土壤质量综合评价方法。对于一个给定的污染物在全国范围内其标准是统一的,必要时可增设项目,适用于绿色食品(AA级和A级)生产的农田、菜地、果园、牧场、养殖场和加工厂等。

(二)绿色食品生产技术标准

绿色食品生产过程的控制是绿色食品质量控制的关键环节。绿色食品生产技术标准是绿色食品标准体系的核心,它包括绿色食品生产资料使用准则和绿色食品生产技术操作规程两部分。

绿色食品生产资料使用准则是对生产绿色食品过程中物质投入的一个原则性规定,它包括生产绿色食品的农药、肥料、食品添加剂、饲料添加剂、兽药和水产养殖药的使用准则,对允许、限制和禁止使用的生产资料及其使用方法、使用剂量、使用次数和休药期等做出了明确规定。从而为截断生产中的污染源,保证产地和产品不受污染提供了保证。

绿色食品生产技术操作规程是以上述准则为依据,按作为种类、畜牧种类和不同农业区域的生产特性分别制定的,用于指导绿色食品生产活动,规范绿色食品生产技术的技术规定,包括农产品种植、畜禽饲养、水产养殖和食品加工等技术操作规程。

(三)绿色食品产品标准

该标准是衡量绿色食品最终产品质量的指标尺度。它虽然跟普通食品的国家标准一样,规定了食品的外观品质、营养品质和卫生品质等内容,但其卫生品质要求明显高于国家现行标准,主要表现在对农药残留和重金属的检测项目种类多、指标严。而且生产、加工使用的主要原料必须是来自绿色食品产地的、按绿色食品生产技术操作规程生产出来的产品。绿色食品产品标准反映了绿色食品生产、管理和质量控制的先进水平,突出了绿色食品产品无污染、安全的卫生品质。

(四)绿色食品包装标签标准

该标准规定了进行绿色食品产品包装时应遵循的原则,包装材料选用的范围、种类,包装上的标识内容等。要求产品包装从原料、产品制造、使用、回收和废弃的整个过程都应有利于食品安全和环境保护,包括包装材料的安全、牢固性、节省资源、能源、减少或避免废弃物产生,易回收循环利用,可降解等具体要求和内容,同时,有利于消费者使用和识别。

绿色食品产品标签,除要求符合国家《食品标签通用标准》外,还要求符合《中国绿色食品商标标志设计使用规范手册》规定,该《手册》对绿色食品的标准图形、标准字形、图形和字体的规范组合、标准色、广告用语以及在产品包装标签上的规范应用等方面均作了具体规定。

(五)绿色食品贮藏、运输标准

不同的绿色食品采用不同的贮运方法,明确规定贮运时的运输方式,保证在贮运过程中不改变产品品质,保证产品不受污染,同时达到节能、环保的效果。

(六)绿色食品其他相关标准

主要包括绿色食品推荐肥料标准、绿色食品推荐农药标准、绿色食品推荐食品添加剂标准和绿色食品生产基地标准等,此类标准不是绿色食品质量控制必需的标准,而是促进绿色食品质量控制管理的辅助标准。

三、绿色食品标准及标准体系的特点

(一)绿色食品标准的三个特点

1. 实行全程质量控制

要求对绿色食品生产、管理和认证进行"从土地到餐桌"全过程质量控制和行为规范,既要保证产品质量和环境质量,又要规范生产操作和管理动作(见图2-2)。

图2-2　全程质量控制图

绿色食品标准建立的框架类似于目前国际上较为流行的 HACCP(危害分析与关键控制点)从原材料到消费者整个过程质量控制的模式,它是一种用于保护食品防止生物、化学、物理危害的管理工具,是系统、多约束、合理、可应用预防性的质量保证方法,而不是反应性的措施。它的设计是为了尽量减少食品安全危害,为食品安全性评价提供一个强有力的工具。

绿色食品生产尤其强调生产过程的技术标准,把食品生产作以最终产品为主要基础的控制观念,这是绿色食品标准和绿色食品标准体系的核心。绿色食品的标准体系应进一步借鉴HACCP 的许多科学的分析方法、评估程序。根据绿色食品生产的基本准则要求,利用相关检验监测数据进行危害因素的分析,然后有针对性地采取控制危害的有效措施。

以绿色食品猪肉为例,"全程质量控制"主要包括以下几个主要环节:

(1)饲料中主要原料成分如玉米、红薯、豆粕等要达到绿色食品质量标准要求。玉米、红薯、大豆基地环境(大气、土壤和灌溉用水)要通过环境监测,并符合绿色食品产地环境质量要求。玉米、红薯、大豆种植过程中投入品(农药、肥料)的使用要严格控制,并符合绿色食品农药、肥料使用准则的要求。

(2)对饲料添加剂进行严格控制。如禁止使用任何药物性饲料添加剂、禁止使用激素类、安眠镇静类药品。饲料添加剂使用种类和方法要符合绿色食品饲料添加剂要求。

(3)对饲料的加工应制定严格的管理制度,包括原料仓储、饲料加工、成品包装及仓储、与普通饲料区别管理体系。

(4)要求生产者供给动物充足的营养,提供良好的饲养环境,加强饲养管理,增强动物自身抗病力,生猪疾病以预防为主,建立严格的动物安全体检和生产记录。

(5)原则上要求有专用的绿色食品生猪屠宰、分割、冷藏车间,其卫生管理要符合绿色食品动物卫生准则的有关要求:要求建立严格的检验制度(如胴体检验、寄生虫检验):屠宰厂、分割车间用水应符合绿色食品加工用水质量要求。

(6)猪肉产品质量应通过绿色食品定点产品检测机构的检测,符合绿色食品猪肉产品质量要求。

(7)猪肉产品包装、运输和贮藏要符合绿色食品相应标准和规范的要求。

2.融入可持续发展的技术内容

绿色食品标准从发展经济与保护生态环境相结合的角度规范生产者的经济行为。在保证产品产量的前提下,最大限度地通过促进生物循环、合理配置资源,减少经济行为对生态环境的不良影响和提高食品质量,维护和改善人类赖以生存和发展的环境。

3.有利于农产品国际贸易发展

AA 级绿色食品标准的制度完全符合国际有机农业运动联盟(IFOAM)的标准框架和基本要求,并充分考虑了欧盟、美国、日本、澳大利亚等发达国家的有机农业及其农产品管理条例和法案要求。A 级绿色食品标准制定也较多的采纳了联合国食品法典委员会(CAC)和国际标准化组织(ISO)的标准内容和欧盟标准,便于与国际相关标准接轨。

(二)绿色食品标准体系的四个特点

绿色食品标准体系有四个鲜明特点:内容的系统性、制定的科学性、指标的严格性和控制项目的多样性。

1.内容的系统性

绿色食品标准体系是由产地环境质量标准、生产过程标准(包括生产资料使用准则、生产操作规程)、产品标准、包装标准等相关标准共同组成的,贯穿绿色食品生产的产前、产中、产后全过程,涉及产地环境、生产过程、产品质量、包装标签、贮藏运输等诸多环节。

2.制定的科学性

从 1990 年起,农业部正式提出开发绿色食品时,中国绿色食品发展中心先后组织国内北京农业大学、中国农业科学院、农业部食品检测中心等国内权威技术机构的上百位各方面的技术专家,经过上千次试验、检测和参照或采纳国际标准以及国外先进标准而制定的,对严于现行标准的项目及其指标值都有文献性的科学依据或理论指导。

3.指标的严格性

绿色食品的标准无论从产品的感观性状、理化性状、生物性状都严于或等同于现行的国家标准。如大气质量采用国家一级标准,农残限量仅为有关国家和国际标准的 $1/2$。

4.控制项目的多样性

绿色食品产地环境质量标准中土壤标准比国家标准增加了土壤肥力指标;产品标准增加了营养质量指标等项目。产地环境质量评价中,对水质、土壤、空气等要素分别区分了污染严控指标和一般控制指标若干项。增加控制项目的目的在于防止有害物质对产品的污染,保证绿色食品的质量安全。

四、绿色食品标准的重要性

(一)绿色食品标准是绿色食品认证的基础和标志许可的依据

所谓产品认证是指依据产品标准和相应技术要求,经专门认证机构确认并颁发认证证书和认证标志来证明某一产品符合相应技术标准和相应技术要求的活动。绿色食品认证是一种对农产品及其加工品进行全面质量管理的活动,其核心是在生产过程中执行绿色食品标准。绿色食品采取质量认证制度与商标使用许可制度相结合的运作方式,是一种以质量标准为基础,有机结合技术手段和法律手段的管理行为。绿色食品申报材料的文字审核以绿色食品生产的通用准则为核心,对申报企业的现场核查是以检查绿色食品生产标准落实与否为核心,而产品检测则是对全部标准实施结果的一个查验活动,因此,每认证一种产品都是在实践中审查绿色食品标准贯彻实施的过程。例如辽宁绿色芳山有机食品有限公司申请认证绿色食品花生和大豆,就是按照绿色食品标准制定生产操作规程和生产作业经历,通过农民协会组织农户开展培训,在绿色食品花生和大豆基地统一使用生产资料,严格按生产作业经历进行相关农事活动,实现了花生和大豆的标准化生产,从而获得绿色食品认证。

(二)绿色食品标准是开展绿色食品生产活动的技术、行为规范

绿色食品标准不仅是对绿色食品产品质量、产地环境质量、生产资料毒负效应指标的一种规定,更重要的是对绿色食品生产者、管理者的一种行为规范,是评定、监督与纠正绿色食品生产者、管理者技术行为的尺度,具有规范绿色食品生产活动的功能。

(三)绿色食品标准是推广先进生产技术、提高农业及食品加工生产水平的指导性技术文件

绿色食品标准不仅要求产品质量达到绿色食品产品标准,而且为产品达标提供了先进的生产方式和生产技术指导。如在农作物生产上,为替代化肥、保证产量,提供了一套根据土壤肥力状况,将有机肥、微生物肥、无机(矿质)肥和其他肥料配合施用的比例、数量和方法;为保证绿色食品无污染、安全的卫生品质,提供了一套经济、有效的杀灭致病菌、降解硝酸盐的有机肥处理方法;为减少化学农药的喷施,提供了一套从整体生态系统出发的病虫草害综合防治技术。在食品加工上,为保证食品不受二次污染,提出了一套非化学控制害虫的方法和食品添加剂使用准则;为保证食品加工生产不污染环境,提出了一套排放处理措施,从而促使绿色食品生产者应用先进技术,提高生产技术水平。

(四)绿色食品标准是维护绿色食品生产者和消费者利益的技术和法律依据

绿色食品标准作为质量认证依据标准,对接受认证的绿色食品生产企业来说,属强制执行标准,企业生产的绿色食品产品和采用的生产技术都必须符合绿色食品标准要求,当消费者对某企业生产的绿色食品提出异议或依法起诉时,绿色食品标准就成为裁决的技术和法律依据。同时,国家工商行政管理部门也依据绿色食品标准打击假冒绿色食品产品的行为,保护绿色食品生产者和消费者的权益。

(五)绿色食品标准是提高我国食品质量,增强我国食品在国际市场的竞争力,促进产品出口创汇的技术目标依据

要想生产出高质量的产品,首先要有一个高水平的质量标准。我国绿色食品标准就是以我国国家标准为基础,参照国际标准和国外先进标准制定的,既符合我国国情,又具有国际先进水平的标准。对我国大多数食品生产企业来讲,要达到绿色食品标准有一定的难度,但只要进行技术改造,改善经营管理,提高企业人员素质,严格按照绿色食品标准进行生产、加工、贮藏等,食品质量是完全能够达到国际市场要求的。而目前国际市场对绿色食品的需求远远大于生产,这就为绿色食品的生产提供了广阔的市场。

绿色食品标准为我国加入 WTO,开展可持续农产品及有机农产品平等贸易提供了技术保

障依据。为我国农业,特别是生态农业、可持续农业在对外开放过程中提高自我保护、自我发展能力创造了条件。

综上所述,绿色食品标准体系的不断健全和完善,实现了农业生产的标准化,提高了农产品及其加工品的质量,提升了我国农产品的国际竞争力,形成了具有中国特色的可持续农业生产方式。绿色食品标准是对中国绿色食品开发实践活动的高度技术理论的总结,是现代科技成果与绿色食品生产经验相结合的产物。同时,也是指导绿色食品事业健康发展的技术理论基础。我们不仅要在绿色食品开发工作中运用它,而且要在实践中应用新的科学技术来丰富和完善它,才能保持绿色食品生产和管理在农业及食品工业领域内的先进性。

五、绿色食品标准体系发展中存在的问题

绿色食品标准体系建设工作经过 20 多年的发展取得的成绩是显著的,但因绿色食品事业自身的开创性和独立性,标准体系建设工作可以借鉴的经验不多,因此存在一些体系和运行机制方面的问题,突出表现为以下四个"不适应"。

(一)标准制修订速度不适应绿色食品事业发展需求

绿色食品标准体系是为认证服务的实用性较强的一类标准,绿色食品认证范围几乎涵盖了所有食品类别。尤其是随着食品工业的快速发展,新工艺、新型食品原料生产的加工食品层出不穷,甚至对传统的产品分类方式造成了很大冲击。而绿色食品标准制修订项目计划受农业部农业行业标准总体规划的制约,每年可以立项的标准项目有限,并且经过立项、起草、报批审查、发布等阶段一般需要一年到一年半时间,周期较长,因此标准制定速度总是滞后于认证产品的需求。另外,目前国内外涉及食品安全的标准更新很快,检测技术不断提升,绿色食品标准亟需修订和完善。

(二)标准基础性研究不适应标准体系建设完善需求

受经费和人力等因素制约,绿色食品标准体系方面的基础性研究工作比较薄弱。绿色食品标准体系建设工作是一项全面系统性工作,需要充分研究对比国内外安全标准体系、法规和管理制度,结合绿色食品生产现状,总结、创新自身优势,提升绿色食品标准的科学性和先进性。目前绿色食品标准工作重制修订工作,轻基础性研究、生产企业调研和技术积累,不适应绿色食品标准体系提升完善的需求。

(三)标准的宣传推广实施力度不适应农业标准化推进需求

绿色食品标准体系建设是农业"三品"标准化工作的重要抓手。目前绿色食品标准的宣传推广范围只涉及绿色食品内部工作体系,包括省级绿办、检测机构,而地(市、县)级绿色食品管理机构、生产企业和生产基地对绿色食品标准知之甚少。绿色食品标准的直接执行主体应主要针对绿色食品企业和生产基地,而这部分群体恰恰是宣传推广的薄弱环节,不能适应大力推进农业标准化工作的需求。

(四)标准反馈机制不健全不适应标准自身改进需求

绿色食品标准由中国绿色食品发展中心负责归口管理,标准起草单位多为科研院所、检测机

构,而具体执行标准的是企业和农户。标准从立项、制订到发布、执行只有自上而下的管理程序,而缺乏企业、农户等标准执行人员对标准执行中遇到问题的自下而上的反馈机制。目前虽有地方绿办和企业的少数反馈,但零星分散,缺少长效机制,不适应标准自身修订完善的需求。

大力发展绿色食品是我国农产品质量安全工作的重要抓手,标准体系作为支撑"绿色食品"发展的重要基础。在目前这种新形势下,必须立足长远、夯实基础,根据国家对食品质量安全标准建设的总体要求,重点制订和修订绿色食品生产资料使用准则及技术要求等通用性标准和大类产品质量标准,各地要根据通用性标准加紧制订适合当地的生产操作规程。力争在"十二五"期间,实现标准配套,建立起具有国际水准的绿色食品标准体系。

六、学习和掌握绿色食品标准的意义

绿色食品标准属于国家农业部发布的推荐性行业标准,依国家现行法律法规的要求,凡是申请取得了绿色食品认证标志的产品,就必须按照食品行业标准实施规范性管理,是带强制性的。学习和掌握绿色食品标准有利于对绿色食品标准进行全面理解,并了解各标准之间的关系。绿色食品从问世至今已有20余年的历史,它是致力于保障食品安全,维护和改善生产环境,促进农业可持续发展,造福子孙万代的系统工程,在我国历史上是没有先例的。所以,绿色食品产业是我们国家社会主义现代化建设行列中的朝阳行业,只要我们共同努力,进一步规范绿色食品的全程质量管理,提高科技含量,就能推动绿色食品的开发,使绿色食品事业迈上新台阶。

第二节 绿色食品分级标准

一、绿色食品标准的制定原则

根据WTO/TBT技术性贸易壁垒协议,如果存在国际标准或存在部分国际标准,WTO成员国有义务使用国际标准,除非国际标准不适合这个国家的情况或者对该国无效。

国际有机农业运动联盟(IFOAM)是有机领域唯一的全球性组织,它拥有100多个国家和地区的成员,并在全球范围内覆盖了从生产者到消费者的整个网络。IFOAM被国际标准组织(ISO)列入国际标准的制订机构,目前其已经形成了透明、民主并由全体IFOAM会员参加制订国际有机标准的程序,这符合WTO有关制订标准的基准。因此,中国的AA级绿色食品的制订,等效采用了IFOAM的标准框架和基本要求,并充分考虑了国际地区水平(例如欧盟2092/91有机农业条例),国家水平上(例如美国农业部制订的有机产品生产法和日本的JAC有机法则)和各国认证机构水平上标准特点,使之更具体和可操作性。

绿色食品标准体系建设以保证绿色食品产品质量、创建国内一流安全食品品牌为目标,绿色食品标准体系的搭建遵循以下四个原则:

(一)可持续发展原则

绿色食品标准从发展经济和保护生态环境相结合的角度规范了绿色食品生产者的经济行为。在保证产量的前提下,最大限度地通过促进生物循环、合理配置和节约资源,减少经济行为对环境的不良影响,提高产品质量,维护和改善人类赖以生存和发展的生态环境。

（二）全程质量控制原则

绿色食品标准体系建设从认证、管理和生产等各方面体现了"从土地到餐桌"的全程质量控制原则,通过对生产过程各环节实施控制,确保产品质量安全的同时,有效保护环境质量。

（三）安全、优质原则

绿色食品标准制订过程应突出绿色食品安全、优质特色,安全卫生指标应参考发达国家标准,严于国家标准、行业标准的要求,并根据行业生产实际情况适当增加检测项目。产品质量应尽可能采用相应国家或行业标准中的优级或一级指标,并应科学地加入营养品质指标。

（四）开放性原则

绿色食品标准体系除应具备科学性、系统性、完整性、先进性和实用性等一般性原则,还应具备开放性。绿色食品事业是不断发展的,随着认证和管理工作中新情况的不断出现,新工艺、新产品的不断涌现,新技术、新检验检测方法的不断产生,现有标准总会落后于需要。因而,绿色食品标准体系应具备开放性,要随时制修订新的标准以适应事业发展的需要,标准体系要与时俱进,不断调整、充实和完善。

二、绿色食品标准的制定依据

绿色食品所面对的是国内和国际两个市场。根据两个市场的需求水平差异和绿色食品生产技术条件,我国分别制订了 AA 级和 A 级绿色食品标准。制订 AA 级绿色食品认定准则的依据以我国国家相关标准、法规、条例为基础,参照 GB/T 24000/ISO 14000 环境管理系列和有机农业运动国际联盟(IFOAM)、欧共体有机农业的相关条例,以及美国、日本等国家的有机农业标准,结合我国绿色食品生产技术科技攻关成果,达到与国外有机食品标准接轨和互相认可的目的。

制订 A 级绿色食品标准的依据以我国国家标准、法规、条例为基础,参照国际标准和国外先进标准,例如 FAO/WHO 的食品法典委员会(CAC)等标准,在绿色食品生产的关键环节上,综合技术水平优于国内执行标准,并能被绿色食品生产企业普遍接受,综合技术水平优于国内执行标准。例如,A 级绿色食品的农药准则中明确禁止了剧毒、高毒、高残留或具有三致毒性(致病、致癌、致突变)农药的使用,还规定许可使用的部分低中毒有机合成农药在一种作物的生长期内只允许使用一次的要求。A 级绿色食品的肥料准则要求化肥必须与有机肥配合使用,有机氮与无机氮之比不超过 1:1,同时禁止使用硝态氮肥料。为了突出绿色食品的特点,一系列保证食品无污染、少污染的要求和措施在各类准则中都有不同程度的体现。

综上所述,制订绿色食品标准的主要依据有:

(1)欧共体关于有机农业及其有关农产品和食品条例(第 2092/91);

(2)有机农业运动国际联盟(IFOAM)有机农业和食品加工基本标准;

(3)联合国食品法典委员会(CAC)标准;

(4)我国国家环境标准;

(5)我国食品质量标准;

(6)我国绿色食品生产技术研究成果;

(7)我国相关的法律法规。

三、绿色食品标准执行的基本原则

（1）绿色食品标准包括产地环境质量、生产过程、产品质量、包装贮运等方面的标准。

（2）申请和已获得绿色食品标志使用权的企业应严格按照相应的绿色食品标准组织生产和管理。

（3）绿色食品产地环境质量应符合《绿色食品　产地环境技术条件》要求，绿色食品检查员依据《绿色食品　产地环境调查、监测与评价导则》进行产地环境现状调查，省级绿色食品管理机构委托环境质量定点监测机构开展环境监测工作。

（4）绿色食品生产过程应符合《绿色食品　农药使用准则》、《绿色食品　兽药使用准则》、《绿色食品　渔药使用准则》和《绿色食品　食品添加剂使用准则》等生产资料使用准则以及相关生产操作规程要求。

（5）绿色食品产品质量应达到相应产品标准要求，检查员应在《绿色食品抽样单》中明确产品执行标准，绿色食品产品质量定点检测机构依据相关产品标准进行检测。

（6）绿色食品的包装、贮运应符合《绿色食品　包装通用准则》及《绿色食品　贮藏运输准则》要求。

四、绿色食品的分级标准

中国绿色食品的标准根据各绿色食品生产企业之间的生产技术、管理、环境条件的差异和国内外市场对绿色食品质量要求的不同，在制订绿色食品标准时，从政策性、技术性、经济性、适用性和协调统一性等方面综合考虑，将其按照化学合成物质投入的多少进行技术分级，即分为 AA 级绿色食品和 A 级绿色食品，其标识如图 2-3 所示。AA 级绿色食品标准要求生产地的环境质量符合《绿色食品产地环境技术条件》，生产过程中不使用化学合成的肥料、农药、兽药、生长调节剂、饲料添加剂、食品添加剂和其他有害于环境和身体健康的物质，通过使用有机肥、种植绿肥、作物轮作、生物防治病虫害、生物或物理除草等技术，培肥土壤、控制病虫草害，保证最终产品质量达到标准；A 级绿色食品标准要求生产地的环境质量符合《绿色食品产地环境技术条件》，生产过程中严格按有关绿色食品生产资料使用准则和生产操作规程要求，限量使用限定的化学合成物质，并积极采用生物学技术和物理方法，使最终产品质量达到绿色食品产品标准要求。

A级绿色食品标志（左）；
AA级绿色食品标志（右）

图 2-3　绿色产品标志

A 级绿色食品标准的制订较多采纳了联合国食品法典委员会（CAC）标准内容和欧盟相关标准，便于与国际相关标准接轨。在我国现有条件下，大量开发 AA 级绿色食品尚有一定的难度，因此 A 级绿色食品是向有机食品的过渡阶段，是具有中国特色的"准有机食品"。AA 级绿色食品标准的制订完全符合国际有机农业运动联盟（IFOAM）标准框架和基本要求，并充分考虑了欧盟、美国、日本等国家的有机农业及其农产品管理条例或法案要求，可与有机食品标准接轨，甚至已超过国际有机农业运动联盟的有机食品基本标准的要求。AA 级绿色食品已具备了走向世界的条件，这是 AA 级与 A 级的根本区别。AA 级绿色食品等同于有机食品，在英文名称上与有机食品相同。绿色食品有别于我国国内生产的有机食品和无公害食品，它不仅符合中国国情和绿色需求的实际水平,而且更符合中国老百姓的口味和经济承受能力。

可见,AA 级与 A 级绿色食品的最大区别在于生产技术标准的不同,AA 级要求完全按有机生产方式生产,A 级要求基本按有机生产方式,但可适当保留常规生产方式生产。AA级标准严于 A 级标准,适用范围也远远小于 A 级标准。AA 级与 A 级绿色食品的区别与联系如表 2 - 2 所示。

表 2 - 2　AA 级与 A 级绿色食品分级标准的区别与联系

项　目	AA 级绿色食品	A 级绿色食品
环境评价	采用单项指数法,各项数据均不得超过有关标准	采用综合污染指数法,各项环境监测的综合污染指数不得超过 1
生产过程	生产过程中禁止使用任何化学合成肥料、化学农药及化学合成食品添加剂	生产过程中允许限量、限时间、限定方法使用限定品种的化学合成物质
产　品	各种化学合成农药及合成食品添加剂均不得检出。产品标准要优于国家标准、行业标准和地方标准	允许限定使用的化学合成物质的残留量仅为国家或国际标准 1/2,其他禁止使用的化学物质残留不得检出
包装标识标志编号	标志和标准字体为绿色,底色为白色,防伪标签的底色为蓝色,标志编号以双数结尾	标志和标准字体为白色,底色为绿色,防伪标签底色为绿色,标志编号以单数结尾

第三节　绿色食品产地环境质量标准

绿色食品产地是指绿色食品初级产品或产品原料的生产地。产地的生态环境质量状况是影响绿色食品质量的基础因素之一。造成农业环境污染的主要原因是过量使用化肥、农药和生物污染等三个方面。如果动植物生存环境受到污染,有毒有害物质可通过空气、水环境、土壤等转移(残留)于动植物体内,再通过食物链造成食物污染,最终危害人体的健康安全。所以,开发生产绿色食品或原料产地必须符合绿色产品生态环境质量标准的要求。

《绿色食品　产地环境技术条件》(NY/T 391—2000)标准草案自 1995 年试行以来,编制者在五年内采集了 2800 组产地数据资料,通过比较分析、验证控制项目和浓度限值的合理性,终于在 2000 年才作为农业部行业标准发布实施。为了保证标准的正确实施,中国绿色食品发展中心分别在 2006 年和 2007 年组织编制了《绿色食品　产地环境调查、监测与评价导则》(NY/T 1054—2006)和《绿色食品产地环境质量现状调查技术规范(试行)》,它们的共同特点是:

(1)坚持同一环境功能、同一质量制定水平标准的科学性、统一性和规范性,避免"一刀切";

(2)立足现实,兼顾长远,坚持标准的高低和掌握上宽严的适度性,在可能的条件下经过经济技术上可行性论证;

(3)保持相关环境标准之间的一致性和规范性;

(4)为了鼓励生产者多施加有机肥,在土壤环境质量标准中增加了土壤肥力的参考指标要求。

总之,绿色食品产地环境是绿色食品质量保证体系的基础条件之一,绿色食品产地环境必须有严格的标准,又需要科学的监测方法,这样才能保证绿色食品生产的质量要求,以达到安全、优质、营养、卫生的目的。

一、绿色食品产地环境质量标准的主要内容及现状评价工作程序

绿色食品产地环境质量标准主要内容有大气环境质量标准、农田灌溉水质量标准、渔业水质量标准、畜禽饮用水质量标准、土壤质量标准及土壤肥力六大部分,其标准结构和评价工作程序分别见图2-4和图2-5。

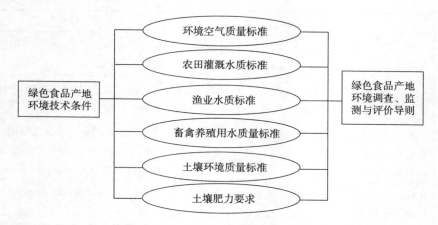

图2-4　绿色食品产地环境质量标准结构图

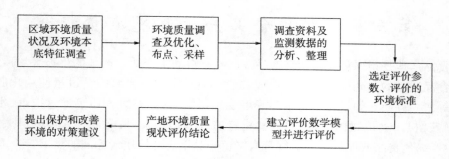

图2-5　绿色食品产地环境质量现状评价工作程序图

二、绿色食品产地环境质量标准的特点

(1)根据农业生态的特点和绿色食品生产对生态环境的要求,充分依据现有国家环保标准,对控制项目进行优选;

(2)促进生产者多施加有机肥,提高土壤肥力;

(3)保证绿色食品生产基地具有可持续的生产能力。

三、《绿色食品　产地环境技术条件》(NY/T 391—2000)的主要内容

(一)范围

该标准规定了绿色食品产地的环境空气质量、农田灌溉水质、渔业水质、畜禽养殖水质和

土壤环境质量的各项指标及浓度限值、监测和评价方法。该标准适用于绿色食品(AA级和A级)生产的农田、蔬菜地、果园、茶园、饲养场、放牧场和水产养殖场。还提出了绿色食品产地土壤肥力分级,为评价和改进土壤肥力状况提供参考,列于附录之中,适用于栽培作物土壤,不适用于野生植物土壤。

(二)环境质量要求

绿色食品生产基地应选择在无污染和生态条件良好的地区。基地选点应远离工矿区和公路铁路干线,避开工业和城市污染源的影响,同时绿色食品生产基地应具有可持续的生产能力。

1.空气环境质量要求

空气环境质量的评价依据是《环境空气质量标准》(GB 3095—1996)所列的一级标准。评价因子及各项污染物含量限制指标要求具体见表2-3。

表2-3 空气中各项污染物的指标要求(标准状态)

项 目	指 示	
	日平均	1h 平均
总悬浮颗粒物(TSP),mg/m³ ≤	0.30	—
二氧化硫(SO_2),mg/m³ ≤	0.15	0.50
氮氧化物(NO_x),mg/m³ ≤	0.10	0.15
氟化物(F) ≤	7μg/m³	—
	1.8μg/dm²(挂片法)	20μg/m³

注:1.日平均指任何一日的平均指标。
　　2.1h平均指任何一小时的平均指标。
　　3.连续采样三天,一日三次,晨、午和夕各一次。
　　4.氟化物采样可用动力采样滤膜法或用石灰滤纸挂片法,分别按各自规定的指标执行,石灰滤纸挂片法挂置7天。

2.水环境质量要求

水环境质量要求包括农田灌溉水质要求、渔业水质要求和畜禽养殖用水要求三个方面。其主要的评价因子及各项污染物含量的限值见表2-4、表2-5、表2-6。

表2-4 农田灌溉水中各项污染物的指标要求　　　　单位:mg/L

项 目	指 标	项 目	指 标
pH	5.5~8.5	总 铅	≤0.1
总 汞	≤0.001	六价铬	≤0.1
总 镉	≤0.005	氟化物	≤2.0
总 砷	≤0.05	粪大肠菌群	≤10000 个/L

(1)农田灌溉水质要求

评价指标采用了国家标准《农田灌溉水质标准》(GB 5084—1992),目前该标准已经被《农田灌溉水质标准》(GB 5084—2005)代替,部分指标已经发生了变化,如粪大肠菌群已经由原来的10000个/L调整为4000个/100mL,使用者可以探讨相关技术指标的适用性。

(2)渔业水质要求

渔业水质要求的评价采用国家标准《渔业水质标准》(GB 11607—1989),各项污染物的含量不得超过表2-5中的限值要求。

表2-5　渔业用水中各项污染物的指标要求　　　　　　　　　　单位:mg/L

项　目	指　标	项　目	指　标
色、臭、味	不得使水产品带异色、异臭和异味	总　镉	≤0.005
漂浮物质	水面不得出现油膜或浮沫	总　铅	≤0.05
悬浮物	人为增加量不得超过10	总　铜	≤0.01
pH	淡水6.5~8.5,海水7.0~8.5	总　砷	≤0.05
溶解氧	>5	六价铬	≤0.1
生化需氧量	≤5	挥发酚	≤0.005
总大肠菌群	≤5000个/L(贝类500个/L)	石油类	≤0.05
总　汞	≤0.0005		

(3)畜禽养殖用水要求

畜禽养殖用水的质量评价采用国家标准《地表水环境质量标准》(GB 3838—2002)所列的三类标准,用水中各项污染物的含量不得超过表2-6中的限值要求。

表2-6　畜禽养殖用水中各项污染物的指标要求　　　　　　　　单位:mg/L

项　目	指　标	项　目	指　标
色　度	15度,并不得呈现其他异色	总　砷	≤0.05
混浊度	3度	总　汞	≤0.05
臭和味	不得有异臭、异味	总　镉	≤0.01
肉眼可见物	不得含有	六价格	≤0.05
pH	6.5~8.5	总　铅	≤0.05
氟化物	≤1.0	细菌总数	≤100个/mL
氰化物	≤0.05	总大肠菌群	≤3个/L

3. 土壤环境质量要求

土壤污染主要包括化学污染(垃圾、污水、畜禽加工厂、造纸厂、制革厂的废水),生物污染(人畜粪、医疗单位废弃物),物理污染(施入土壤中的有机物质),一些难降解的化学农药等。为此,绿色食品生产前必须对土壤环境进行监测。对土壤质量的要求是产地位于土壤元素背景值的正常区域,产地及周围无金属或非金属矿山,未受到人为污染,土壤中没有农药残留,特别是从未施用过滴滴涕和六六六,而且要求具有较高的土壤肥力。其评价采用国家标准《土壤环境质量标准》(GB 15618—1995),土壤评价采用该土壤类型背景值的算术平均值加两倍的标准差。

该标准中将土壤按耕作方式的不同分为旱田和水田两大类,每类又根据土壤 pH 的高低分为三种情况,即 pH < 6.5,pH = 6.5 ~ 7.5,pH > 7.5。绿色食品产地各种不同土壤中的各项污染物含量符合表 2 - 7 的要求。

表 2 - 7 土壤中各项污染物的指标要求 单位:mg/kg

耕作条件	旱 田			水 田		
pH	< 6.5	6.5 ~ 7.5	> 7.5	< 6.5	6.5 ~ 7.5	> 7.5
镉 ≤	0.30	0.30	0.40	0.30	0.30	0.40
汞 ≤	0.25	0.30	0.35	0.30	0.40	0.40
砷 ≤	25	20	20	20	20	15
铅 ≤	50	50	50	50	50	50
铬 ≤	120	120	120	120	120	120
铜 ≤	50	60	60	50	60	60

注:1. 果园土壤中的铜限量为旱田中的铜限量的一倍;
    2. 水旱轮作用的标准值取严不取宽。

4. 土壤肥力要求

为了促进生产者多施加有机肥,提高土壤肥力,绿色产品产地土壤肥力分级指标、评价及测定方法具体见标准《绿色食品 产地环境技术条件》(NY/T 391—2000)附录 A。生产 AA 级绿色食品时,转化后的耕地土壤肥力要达到土壤肥力分级 I 或 II 级指标;生产 A 级绿色食品时,土壤肥力可以作为参考指标。

第四节 绿色食品生产技术标准

绿色食品生产技术标准的最大优点是把食品生产以最终产品(即检验合格或不合格)作为主要基础的控制观念,转变为生产环境下鉴别并控制质量安全性潜在危害的预防性方法,它可以为生产者提供一个比传统最终产品检验更为安全的产品控制方法,因此绿色食品生产过程的控制是绿色食品质量控制的关键环节,是绿色食品质量标准体系的核心。绿色食品生产技术标准包括生产资料使用准则和生产操作规程两部分,其标准体系结构见图 2 - 6。

一、生产资料使用准则

绿色食品生产资料包括农药、肥料、畜禽饲料和饲料添加剂、食品添加剂、兽药、渔药、畜禽饲养防疫等的使用准则。在这些准则中,对允许、限制使用的物质及其使用方法、使用剂量、使用次数、停药期和禁止使用的物质等作出了明确的规定。同时,有关专家学者在查阅了美国、日本、欧盟等主要国家和地区使用治疗用的寄生虫药和抗菌药等资料的基础上,结合我国的具体实践,制定和完善了我国部分绿色食品标准《绿色食品 畜禽饲养防疫准则》、《绿色食品 畜禽饲料及饲料添加剂使用准则》及《绿色食品 海洋捕捞水产品生产管理规范》。生产资料使用准则是绿色食品生产、认证、监督检查的主要依据,也是绿色食品质量信誉的保证。确立

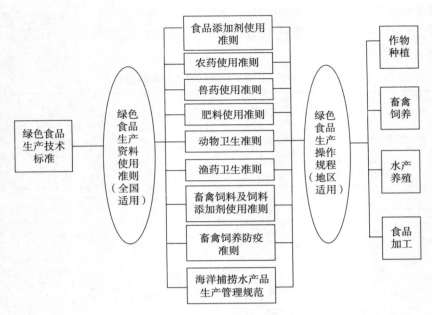

图2-6 绿色食品生产技术标准结构图

一系列的制定原则,是为了建立一套与国际接轨的标准,带动我国农产品的安全性建设,设置我国对外的绿色技术壁垒。

目前,现行有效的绿色食品生产资料使用准则主要有《绿色食品 食品添加剂使用准则》(NY/T 392—2000)、《绿色食品 农药使用准则》(NY/T 393—2000)、《绿色食品 肥料使用准则》(NY/T 394—2000)、《绿色食品 畜禽饲料及饲料添加剂使用准则》(NY/T 471—2010)、《绿色食品 兽药使用准则》(NY/T 472—2006)、《绿色食品 动物卫生准则》(NY/T 473—2001)、《绿色食品 渔药使用准则》(NY/T 755—2003)、《绿色食品 海洋捕捞水产生产管理规范》(NY/T 1891—2010)及《绿色食品 畜禽饲养防疫准则》(NY/T 1892—2010)。下面简要介绍其中几个常用的使用准则:

(一)绿色食品 食品添加剂使用准则(NY/T 392—2000)

1. 食品添加剂使用准则的特点

(1)食品添加剂是指为改善食品品质和色、香、味,以及为防腐、保鲜和加工工艺的需要,按照标准允许添加到食品中的物质。

(2)在 GB 2760—2011《食品安全国家标准 食品添加剂使用标准》的基础上,根据添加剂的不同特点,在生产绿色食品过程中禁用了部分品种。

2. 范围

《绿色食品 食品添加剂使用准则》规定了生产绿色食品过程中所允许使用的食品添加剂的种类、使用范围和最大使用量以及不准使用的品种。

3. 引用标准

《绿色食品 食品添加剂使用准则》(NY/T 392—2000)引用了下列标准,但部分标准已经被修订或废止(具体在标准后的括号内有说明),因此在使用本标准时应结合国家发布的相关法律法规,探讨使用下列标准的最新版本。

GB 2760—1996 食品添加剂使用卫生标准(被 GB 2760—2011《食品安全国家标准 食品添加剂使用标准》代替)

GB/T 12493—1990 食品添加剂的分类和代码(被 GB 2760—2011《食品安全国家标准 食品添加剂使用标准》代替)

GB 14880—1994 食品营养强化剂使用卫生标准(已有增补)

NY/T 391—2000 绿色食品 产地环境技术条件

4. 使用食品添加剂和加工助剂的原则

(1)使用食品添加剂不得掩盖食品腐败变质等缺陷。在达到预期目的的前提下,尽可能降低在食品中的使用量。

(2)AA 级绿色食品中只允许使用"AA 级绿色食品生产资料"食品添加剂类产品,在此类产品不能满足生产需要的情况下,允许使用通过物理或化学方法获得的经过毒理学评价并且食用安全的天然食品添加剂。

(3)A 级绿色食品中允许使用(2)所述添加剂产品和"A 级绿色食品生产资料"食品添加剂类产品,在这类产品均不能满足生产需要的情况下,允许使用除表 2-8 所列食品添加剂以外的化学合成食品添加剂。

(4)所用食品添加剂的产品质量必须符合相应的国家标准、行业标准。

(5)允许使用食品添加剂的使用量应符合 GB 2760、GB 14880 的规定。

(6)不得对消费者隐瞒绿色食品中所用食品添加剂的性质、成分和使用量。

(7)在任何情况下,绿色食品中不得使用下列食品添加剂(见表 2-8 所示)。表 2-8 中的类别和名称(代码)按 GB 2760—2011 的规定执行。

表 2-8 生产绿色食品不得使用的食品添加剂

类 别	食品添加剂名称(代码)
抗结剂	亚铁氰化钾(02.001)
抗氧化剂	4-己基间苯二酚(04.013)
漂白剂	硫磺(05.007)
膨松剂	硫酸铝钾(钾明矾)(06.004)
	硫酸铝铵(铵明矾)(06.005)
着色剂	赤藓红(08.003)
	赤藓红铝色淀(08.003)
	新红(08.004)
	新红铝色淀(08.004)
	二氧化钛(08.001)
	焦糖色(亚硫酸铵法)(08.109)
	焦糖色(加氨生产)(08.110)
护色剂	硝酸钠(钾)(09.001;09.003)
	亚硝酸钠(钾)(09.002;09.004)

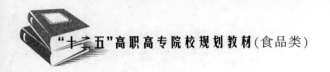

续表

类　　别	食品添加剂名称(代码)
乳化剂	山梨醇酐单油酸酯(司盘80)(10.005)
	山梨醇酐单棕榈酸酯(司盘40)(10.008)
	山梨醇酐单月桂酸酯(司盘20)(10.015)
	聚氧乙烯山梨醇酐单油酸酯(吐温80)(10.016)
	聚氧乙烯(20)-山梨醇酐单月桂酸酯(吐温20)(10.025)
	聚氧乙烯(20)-山梨醇酐单棕榈酸酯(吐温40)(10.026)
面粉处理剂	过氧化苯甲酰(13.001)
	溴酸钾(13.002)
防腐剂	苯甲酸(17.001)
	苯甲酸钠(17.002)
	乙氧基喹(17.1010)
	仲丁胺(17.011)
	桂醛(17.012)
	噻苯咪唑(17.018)
	过氧化氢(或过碳酸钠)(22.026)
	乙萘酚(17.021)
	联苯醚(17.022)
	2-苯基苯酚钠盐(17.023)
	4-苯基苯酚(17.024)
	五碳双缩醛(戊二醛)(17.025)
	十二烷基二甲基溴化胺(新洁尔灭)(17.026)
	2、4-二氯苯氧乙酸(17.027)
甜味剂	糖精钠(19.001)
	环乙基氨基磺酸钠(甜蜜素)(19.002)

5. 绿色食品添加剂的研究和发展方向

随着当今世界科学技术日新月异的发展,人们对食品营养、科学的认识不断提高,从而对绿色食品提出了更新、更高的要求,因而人们对与食品息息相关的食品添加剂的认识也在不断的提高和完善,现在世界各国均向健康、安全、天然食品添加剂的方向迈进。

其中,溶菌酶(防腐剂)、鱼精蛋白(防腐剂)等对人体有一定的保健作用,所以是一类值得大力开发的食品添加剂。目前人们正尝试通过基因工程和分子修饰来提高抗菌性能。现在抗菌肽分子的改造和设计已成为获得新抗菌肽的主要途径,而且天然肽类防腐剂常和其他防腐剂配合使用,抗菌效果会更强。随着我国食品工业的快速发展,抗氧化剂将是发展最快的行业。近十多年来,人们通过对茶多酚、迷香醚等提取工艺的深入研究,相继开发出比合成抗氧化剂抗氧化性更强的产品,特别是从茶叶下脚料——茶末、茶片中提取茶多酚,其抗氧化性超过丁基羟基茴香醚(BHA)和二丁基羟基甲苯(BHT)。茶多酚具有很好的水溶性和醇溶性,可方便的添加到食品中。磷脂作为目前唯一工业化生产的天然乳化剂,其研究和应用越来越显得重要。

总之,随着国民经济的不断发展和人民生活水平的不断提高,高档化、营养化、方便化的绿色食品成为食品消费市场的热点和新趋势,而食品添加剂对这些产品的品质起着决定性的作用。因此,各类食品添加剂的绿色化将是食品添加剂的发展方向,从而进一步推动我国绿色食品工业的发展,以适应日益增长的食品市场的需求。

(二)绿色食品　农药使用准则(NY/T 393—2000)

绿色食品生产应从农作物到病虫草等整个生态系统出发,综合运用各种防治措施,创造不利于病虫草害和有利于各类天敌繁衍的环境条件,保持农业生态系统的平衡和生物的多样化,减少各类病虫草害所造成的损失,下述所列农药均摘自该准则,是否可用具体按照国家发布的最新法律法规及标准执行。

1.适用范围

适用于在我国取得登记的生物源农药、矿物源农药和有机合成农药。规定了 AA 级绿色食品及 A 级绿色食品生产中允许使用的农药种类、毒性分级和使用准则。

2.绿色食品生产选择农药遵循的原则

(1)选择安全性高、无毒副作用的农药;

(2)使用的农药要容易分解,无残留;

(3)农药作用机制要多样化,靶标生物难以产生抗药性;

(4)农药效力要高、用量要少、纯度高、杂质少,最大限度减少污染,达到有效的防治目的;

(5)选择的农药应能保护有益生物,保证人、畜、禽的健康安全,保持自然生态平衡。

3.准则中农药被禁用的原因

(1)高毒、剧毒,使用不安全;

(2)高残留,高生物富集性;

(3)各种慢性毒性作用,如迟发性神经毒性;

(4)二次中毒或二次药害,如氟乙酰胺的二次中毒现象;

(5)三致毒害,即致畸、致癌及致突变;

(6)含特殊杂质,如三氯杀螨醇中含有滴滴涕;

(7)代谢产物有特殊作用,如代森类代谢产物为致癌物 ETU(亚乙基硫脲);

(8)对植物不安全,有毒害作用;

(9)对环境、非靶标生物有害。

对允许限量使用的农药除了严格使用规定的品种外,对使用量和使用时间也作了详细的规定。对安全间隔期(也成休药期)也有明确的要求。为避免同种农药在作物体内的累积和害虫的抗药性,准则还规定在 A 级绿色食品生产过程中,每种允许使用的有机合成农药在一种作物的生产期内只允许使用一次,确保环境和食品不受污染。

4.允许使用的农药种类

(1)生物源农药

①微生物源农药。农用抗生素[防治真菌病害(灭瘟素、春雷霉素、多抗霉素或多氧霉素、

井岗霉素、农抗菌 120、中生菌素等)和防治螨类(浏阳霉素、华光霉素)]、活体微生物农药[真菌剂(蜡蚧轮枝菌等)、细菌剂(苏云金杆菌、蜡质芽孢杆菌等)、拮抗菌剂、昆虫病原线虫、微孢子、病毒(核多角体病毒)]。

②动物源农药。昆虫信息素或昆虫外激素(如性信息素)及活体制剂(寄生性、捕食性的天敌动物)。

③植物源农药。杀虫剂(除虫菊素、鱼藤酮、烟碱、植物油等)、杀菌剂(大蒜素)、拒避剂(印棟素、苦棟、川棟素)及增效剂(芝麻素)。

(2)矿物源农药

①无机杀螨杀菌剂。硫制剂(硫悬浮剂、可湿性硫、石硫合剂等)和铜制剂(硫酸铜、王铜、氢氧化铜、波尔多液等)。

②矿物油乳剂(柴油乳剂等)。

(3)有机合成农药,即由人工研制合成,并由有机化学工业生产的商品化的一类农药,包括中等毒和低毒类杀虫杀螨剂、杀菌剂、除草剂。

5. 农药使用准则

绿色食品生产,要以农业防治、物理防治、生态防治、生物防治为主,化学防治为辅。优先选用非农药植保措施,有效保证农产品的质量。而非农药植保措施诸如选用抗病虫品种、非化学药剂处理种子、培育壮苗、加强栽培管理、中耕除草、秸秆还田、秋季深翻、清洁田园、轮作倒茬、间作套种、农家肥经高温发酵无害化处理等;利用光灯和色彩诱杀害虫、机械捕捉害虫;释放寄生性、捕食性天敌(如昆虫,捕食螨、蜘蛛及昆虫病原线虫等);使用昆虫性引诱剂及植物源引诱剂;使用矿物油和植物油制剂防治病虫害。特殊情况下,必须使用农药时,应遵守生产 AA 级和 A 级绿色食品的农药使用准则。

(1)生产 AA 级绿色食品的农药使用准则

①允许使用 AA 级绿色食品生产资料农药类产品;

②在上述条件不能满足生产需要的情况下,可以使用以下农药及方法:允许使用中等毒性以下植物源杀虫剂、杀菌剂、拒避剂和增效剂;允许使用释放寄生性捕食性天敌动物;在害虫捕捉器中使用昆虫信息素及植物源引诱剂;使用矿物油和植物油制剂;使用矿物源农药中的硫制剂、铜制剂;经过专门部门的核准,允许有限度地使用活体微生物农药;允许有限度地使用农用抗生素;

③禁止使用有机合成的化学杀虫剂、杀螨剂、杀菌剂、杀线虫剂、除草剂和植物生长调节剂;

④禁止使用生物源、矿物源农药中混配有机合成农药的各种制剂;

⑤严禁使用基因工程品种(产品)及制剂。

(2)生产 A 级绿色食品的农药使用准则

①允许使用 AA 级和 A 绿色食品生产资料农药类产品;

②在上述条件不能满足生产需要的情况下,可以使用以下农药及方法:允许使用中等毒性以下植物源农药、动物源农药和微生物源农药;在矿物源农药中允许使用硫制剂、铜制剂;有限度地使用部分低毒农药和中等毒性有机合成农药,但要按国标要求执行具体操作。此外,还要严格执行以下规定:严禁使用剧毒、高毒、高残留或具有致畸、致癌、致突变"三致"毒性的农药;每种有机合成农药(含 A 级绿色食品生产资料农药类的有机合成产品)在一种作物的生长期

内只允许使用一次;严格按照国家现行标准的最高残留限量要求。

③严禁使用高毒高残留农药防治贮藏期病虫害。

④严禁使用基因工程品种(产品)及制剂。

(三)绿色食品　肥料使用准则(NY/T 394—2000)

该标准规定了绿色食品生产中允许使用的肥料种类、组成及其使用规则。它是绿色食品生产中肥料使用的行为规范,是绿色食品生产资料(肥料类产品)认定的关键技术依据,也是绿色食品认证的重要依据之一。此标准的颁布实施,在规范绿色食品生产中肥料的使用、倡导农业的可持续发展、推进绿色食品质量认证和质量体系认证等方面起到了积极的作用。

1.肥料使用准则的特点

(1)有明确的制订原则

保护和促进作物的生长及其品质的提高;不会造成作物产生与积累有害物质;不影响人体健康;有足够数量的有机物物质返回土壤,以保持或增加土壤肥力及生物活性;对生态环境无不良影响。

(2)有严格的实施措施

AA级绿色食品生产过程中除铁、铜、锰、锌、硼、钼等微量元素,硫酸钾、煅烧磷酸盐外,不使用其他化学合成肥料等九项原则。

A级绿色食品生产过程中允许限量使用部分化肥(但禁止使用硝态氮肥)等一系列措施,减少对环境与作物产生不良后果;以有机肥为基础,走有机肥与无机肥相结合的道路(有机氮与无机氮之比至少1:1)。

(3)有明确的使用规定

生产绿色食品的农家肥料无论采用何种原料(包括人畜禽粪尿、秸秆、杂草、泥炭等)制作堆肥,必须高温发酵,以杀灭各种寄生虫卵和病原菌、杂草种子,使之达到无害化卫生标准的要求。

农家肥料原则上要求"就地生产就地使用"。外来农家肥料应确认符合要求后才能使用。商品肥料及新型肥料必须通过国家有关部门的登记认证及生产许可,质量指标应达到国家有关标准的要求。

因施肥造成土壤污染、水源污染或影响农作物生长、农产品达不到卫生标准时,要立即停止施用该肥料,并向专门管理机构报告。用其生产的食品也不能继续使用绿色食品标志。

2.绿色食品生产可选用的肥料种类

绿色食品生产可选用的肥料种类主要有:

(1)农家肥料,包括堆肥、沤肥、厩肥、沼气肥、绿肥、作物秸秆肥、泥肥、饼肥等;

(2)商品肥料,包括商品有机肥、腐植酸类肥、微生物肥、有机复合肥、无机(矿质)肥、叶面肥、有机无机肥(半有机肥)、掺合肥等;

(3)A级绿色食品生产允许按要求使用无机肥料(氮、磷、钾),可选用符合质量要求的煅烧磷酸盐、硫酸钾,化肥必须与有机肥配合施用,无机氮不应超过有机氮用量。但禁止使用硝态氮肥。

总之,肥料是生产绿色食品的基础,为了适应农作物的营养需求,合理调整肥料中氮、磷、钾的施用比例。可根据当地土壤的肥力情况,适当配合使用有机肥料和无机肥料,但必须控制氮肥用量。

3. 肥料使用的发展方向

化肥与有机肥、复合微生物肥配合施用,才是现代农业的科学方法,也就是《绿色食品肥料使用准则》的核心概念。保证农产品的质量安全,提供优良品质的食品,给人们带来蓬勃的生命力。大幅提高农产品单产量,尽量以少的土地提供足够多的农产品,满足农产品的数量安全需要。留下尽量多的自然原始生态环境,满足生物多样性需求,实现人与自然的和谐相处,这是绿色食品农业发展的精髓。

(四)绿色食品 兽药使用准则(NY/T 472—2000)

1. 范围

该标准规定了绿色食品生产中兽药使用的术语和定义、基本原则、生产 AA 级绿色食品的兽药使用原则、生产 A 级绿色食品的兽药使用原则及兽药使用记录;适用于绿色食品畜禽的生产、管理和认证。

2. 兽药的使用原则

(1)基本原则

①绿色食品生产者应供给动物充足的营养,提供良好的饲养环境,加强饲养管理,采取各种措施以减少应激,增强动物自身的抗病力。

②应按《中华人民共和国动物防疫法》的规定,防治动物疾病,力争不用或少用药物。必须使用兽药进行疾病的预防、治疗和诊断时,应在兽医指导下进行。

③兽药的质量应符合《中华人民共和国兽药典》、《兽药质量标准》、《兽用生物制品质量标准》和《进口兽药质量标准》的规定。

④兽药的使用应符合《兽药管理条例》的有关规定。

⑤所用兽药应来自具有生产许可证和产品批准文号并通过农业部良好操作规范(GMP)验收的生产企业,或者具有《进口兽药登记许可证》的供应商。

(2)生产 AA 级绿色食品的兽药使用原则。具体按 GB/T 19630.1《有机产品 第1部分:生产》执行。

(3)生产 A 级绿色食品的兽药使用原则

①优先使用 AA 级和 A 级绿色食品生产资料的兽药产品。

②允许使用国家兽医行政管理部门批准的微生态制剂和中药制剂。

③允许使用高效、低毒和对环境污染低的消毒剂对饲养环境、厩舍和器具进行消毒。

④允许使用无 MRLs 要求或无停药期要求或停药期短的兽药。但在使用中应严格按照规定执行。

⑤禁止使用表2-9中的兽药。

⑥禁止使用药物饲料添加剂。

⑦禁止使用酚类消毒剂。

⑧禁止为了促进畜禽生长而使用抗生素、抗寄生虫药、激素或其他生长促进剂。

⑨禁止使用未经国务院兽医行政管理部门批准作为兽药使用的药物。

⑩禁止使用基因工程方法生产的兽药。

表 2 - 9　生产 A 级绿色食品禁止使用的兽药

序号	种　类		兽药名称	禁止用途
1	β - 兴奋剂类		克仑特罗(Clenbuterol)、沙丁胺醇(Salbutamol)、莱克多巴胺(Ractopamine)、西马特罗(Cimaterol)及其盐、酯及制剂	所有用途
2	激素类	性激素类	己烯雌酚(Diethylstilbestrol)、己烷雌酚(Hexestrol)及其盐、酯及制剂	所有用途
			甲基睾丸酮(Methyltestosterone)、丙酸睾酮(Testosterone Propionate)、苯丙酸诺龙(Nandrolone Phenylpropionate)、苯甲酸雌二醇(Estradiol Benzoate)及其盐、酯及制剂	促生长
		具有雌激素样作用的物质	玉米赤霉醇(Zeranol)、去甲雄三烯醇酮(Trenbolone)、醋酸甲孕酮(Mengestrol Acetate)及制剂	所有用途
3	催眠、镇静类		安眠酮(Methaqualone)及制剂	所有用途
			氯丙嗪(Chlorpromazine)、地西泮(安定,Diazepam)及其盐、酯及制剂	促生长
4	抗生素类	氨苯砜	氨苯砜(Dapsone)及制剂	所有用途
		氯霉素类	氯霉素(Chloramphenicol)及其盐、酯[包括:琥珀氯霉素(Chloramphenicol Succinate)]及制剂	所有用途
		硝基呋喃类	呋喃唑酮(Furazolidone)、呋喃西林(Furacillin)、呋喃妥因(Nitrofurantoin)、呋喃它酮(Furaltadone)、呋喃苯烯酸钠(Nifurstyrenate sodium)及制剂	所有用途
		硝基化合物	硝基酚钠(Sodium nitrophenolate)、硝呋烯腙(Nitrovin)及制剂	所有用途
		磺胺类及其增效剂	磺胺噻唑(Sulfathiazole)、磺胺嘧啶(Sulfadiazine)、磺胺二甲嘧啶(Sulfadimidine)、磺胺甲恶唑(Sulfamethoxazole)、磺胺对甲氧嘧啶(Sulfamethoxydiazine)、磺胺间甲氧嘧啶(Sulfamonomethoxine)、磺胺地索辛(Sulfadimethoxine)、磺胺喹恶啉(Sulfaquinoxaline)、三甲氧苄氨嘧啶(Trimethoprim)及其盐和制剂	所有用途
		喹诺酮类	诺氟沙星(Norfloxacin)、环丙沙星(Ciprofloxacin)、氧氟沙星(Ofloxacin)、培氟沙星(Pefloxacin)、洛美沙星(Lomefloxacin)及其盐和制剂	所有用途
		喹恶啉类	卡巴氧(Carbadox)、喹乙醇(Olaquindox)及制剂	所有用途
		抗生素滤渣	抗生素滤渣	所有用途
5	抗寄生虫类	苯并咪唑类	噻苯咪唑(Thiabendazole)、丙硫苯咪唑(Albendazole)、甲苯咪唑(Mebendazole)、硫苯咪唑(Fenbendazole)、磺苯咪唑(OFZ)、丁苯咪唑(Parbendazole)、丙氧苯咪唑(Oxibendazole)、丙噻苯咪唑(CBZ)及制剂	所有用途
		抗球虫类	二氯二甲吡啶酚(Clopidol)、氨丙啉(Amprolini)、氯苯胍(Robenidine)及其盐和制剂	所有用途

续表

序号	种类		兽药名称	禁止用途
5	抗寄生虫类	硝基咪唑类	甲硝唑(*Metronidazole*)、地美硝唑(*Dimetronidazole*)及其盐、酯及制剂等	促生长
		氨基甲酸酯类	甲奈威(*Carbaryl*)、呋喃丹(克百威,*Carbofuran*)及制剂	杀虫剂
		有机氯杀虫剂	六六六(BHC)、滴滴涕(DDT)、林丹(丙体六六六)(*Lindane*)、毒杀芬(氯化烯,*Camahechlor*)及制剂	杀虫剂
		有机磷杀虫剂	敌百虫(*Trichlorfon*)、敌敌畏(*Dichlorvos*)、皮蝇磷(*Fenchlorphos*)、氧硫磷(*Oxinothiophos*)、二嗪农(*Diazinon*)、倍硫磷(*Fenthion*)、毒死蜱(*Chlorpyrifos*)、蝇毒磷(*Coumaphos*)、马拉硫磷(*Malathion*)及制剂	杀虫剂
		其他杀虫剂	杀虫脒(克死螨,*Chlordimeform*)、双甲脒(*Amitraz*)、酒石酸锑钾(*Antimony potassium tartrate*)、锥虫胂胺(*Tryparsamide*)、孔雀石绿(*Malachite green*)、五氯酚酸钠(*Pentachlorophenol sodium*)、氯化亚汞(甘汞,*Calomel*)、硝酸亚汞(*Mercurous nitrate*)、醋酸汞(*Mercurous acetate*)、吡啶基醋酸汞(*Pyridyl mercurous acetate*)	杀虫剂

(五)绿色食品　畜禽饲料及饲料添加剂使用准则(NY/T 471—2010)

20世纪末至今,由于饲料安全引发的食品安全事件时有发生甚至出现不愿或不敢吃肉制食品的现象。1998年英国发生了"疯牛病"灾难,究其原因是在牛饲料中使用了消毒不彻底的动物下脚料;1999年,比利时发生了"二噁英"污染鸡肉、蛋、奶事件引起居民恐慌,造成重大损失;2000年10月浙江省温州市发生食用了添加盐酸克伦特罗(瘦肉精)饲料养的猪肉导致63人中毒事件;2006年11月,河北某禽蛋加工厂将可致癌的工业染料苏丹红添加到饲料中,生产所谓的"红心咸鸭蛋",导致全国"红心鸭蛋"恐慌;2008年香港发现鸡蛋中含有三聚氰胺,究其原因是由于农户在饲料中使用违禁添加物三聚氰胺;2011年,在3.15晚会上央视报道的双汇集团使用"瘦肉精"猪肉,导致大型企业诚信荒。由此可见,饲料安全与食品安全是相通的,只有采用安全的饲料或添加剂才能生产出安全的畜禽食品,保障人们的健康安全。

1. 范围

标准规定了生产绿色食品(畜禽产品)允许使用的饲料和饲料添加剂的基本要求、使用原则的基本准则。

适用于生产A级和AA级绿色食品(畜禽产品)生产过程中饲料和饲料添加剂的使用。

2. 基本要求

(1)质量要求

①饲料和饲料添加剂应符合单一饲料、饲料添加剂、配合饲料、浓缩饲料和添加剂预混合产品质量标准的规定。其中,单一饲料应符合《单一饲料产品目录》的要求。

②饲料添加剂和添加剂预混合饲料应来源于有生产许可证的企业,并且具有相应的有效的产品标准。进口饲料和饲料添加剂应具有进口产品许可证及配套的质量检验手段,并经进出口检验检疫部门鉴定合格的产品。

③感官要求。具有饲料应有的色泽、气味及组织形态特征,质地均匀,无发霉、变质、结块、虫蛀及异味、异物。

④配合饲料营养要全面,各营养素间互相平衡。

(2)卫生要求

①饲料和饲料添加剂的卫生指标应符合 GB 13078、GB 13078.1、GB 13078.2、GB 13078.3 的规定和要求,且使用要符合 NY/T 393 的要求。

②饲料用水解羽毛粉应符合 NY/T 915 的要求。

3. 使用原则

(1)饲料原料

①饲料原料可以是已经通过认定的绿色食品,也可以是来源于绿色食品标准化生产基地的产品,或经绿色食品工作机构认定、按照绿色食品生产方式生产、达到绿色食品标准的自建基地生产的产品。

②不应使用转基因方法生产的饲料原料。

③不应使用以哺乳类动物为原料的动物性饲料产品(不包括乳及乳制品)饲喂反刍动物。

④遵循不使用同源动物源饲料的原则。

⑤不应使用工业合成的油脂。

⑥不应使用畜禽粪便。

⑦生产 AA 级绿色食品(畜禽产品)的饲料原料,除须满足上述要求外,还应满足:

a. 不应使用化学合成的生产资料作为饲料原料。

b. 原料生产过程应使用有机肥、种植绿肥、作物轮作、生物或物理方法等技术培肥土壤、控制病虫草害、保护或提高产品品质。

(2)饲料添加剂

①饲料添加剂品种应是《饲料添加剂品种目录》中所列的饲料添加剂和允许进口的饲料添加剂品种或是农业部公布批准使用的饲料添加剂品种,但 NY/T 471—2010 附录 A 中所列的饲料添加剂品种除外。

②饲料添加剂的性质、成分和使用量应符合产品标签。

③矿物质饲料添加剂的使用按照营养需要量添加,尽量减少对环境的污染。

④不应使用任何药物饲料添加剂。

⑤天然植物饲料添加剂应符合 GB/T 19424 的要求。

⑥化学合成维生素、常量元素、微量元素和氨基酸在饲料中的推荐量以及限量参考《饲料添加剂安全使用规范》的规定。

⑦生产 AA 级绿色食品(畜禽产品)的饲料添加剂,除须满足上述要求外,还不应使用化学合成的饲料添加剂。

(3)加工、贮存和运输

①饲料企业的工厂设计与设施卫生、工厂卫生管理和生产过程的卫生应符合 GB/T 16764 的要求。

②在配料和混合生产过程中,严格控制其他物质的污染。

③生产绿色食品的饲料和饲料添加剂的加工、贮存、运输全过程都应与非绿色食品饲料严格区分管理。

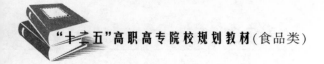

④贮存中不应使用任何化学合成的药物毒害虫鼠。

(六)生产绿色食品的其他生产资料及使用原则

生产绿色食品的其他主要生产资料还包括水产养殖用药、畜禽饲养防疫及卫生等,它们是否能够得到合理使用,直接影响绿色食品水产品、畜禽加工品的质量,药物的残留、病毒的存在直接影响到人们身体的健康安全,甚至危及人们的生命安全。因此中国绿色食品发展中心组织各行各业的相关专家编制了《绿色食品 动物卫生准则》(NY/T 473—2001)、《绿色食品 渔药使用准则》(NY/T 755—2003)、《绿色食品 海洋捕捞水产品生产管理规范》(NY/T 1891—2010)及《绿色食品 畜禽饲养防疫准则》(NY/T 1892—2010),对绿色食品水产品、畜禽等的生产加工过程作了明确的规定,确保了绿色食品的质量和安全。

二、绿色食品生产操作规程

绿色食品生产技术操作规程是以上述生产资料准则为依据,按作物种类、畜牧种类和不同农业区域的生产特性分别制定"用于指导绿色食品生产活动"规范。绿色食品生产的技术规定包括农产品种植、畜禽饲养、水产养殖和食品加工等技术操作规程。

1. 种植业的生产操作规程

种植业的生产操作规程主要包括栽培技术(品种选育、整地、施肥、播种、管理、病虫害防治等)及收获与贮运等环节。下面以四川省绿色食品——小麦生产技术规程为例,简要分析其主要内容:

(1)种子及其处理方面:选用适宜当地种植的、符合 GB 4404.1、GB/T 17320 规定的、经过审定通过的、抗病抗逆性强的品种;种子的纯度和净度达98%以上,发芽率不低于85%,含水量不高于13%;并采用适当的方法对种子进行预处理。

(2)选地与整地方面:选择耕层深厚、田间排灌方便、结构和理化性状良好、肥沃疏松的土壤。在合理轮作的基础上,选用未使用高毒、高残留农药的稻田或旱地。整地做到深、细、实、平。

(3)施肥方面:采用测土配方施肥,增施农家肥,控制化肥,做到有机肥和无机肥,氮肥与磷肥、钾肥的配合施用,施用的肥料应满足 NY/T 394 的规定。同时根据土壤肥力状况,确定施肥量和肥料的比例,一般纯氮、五氧化二磷、氧化钾的比例为3:1:3。

(4)播种方面:在播种期、播种密度、播种方式等方面都作了严格的规定。

(5)田间管理方面:在播种后进行生产管理,比如查苗补缺、施加肥料、防除杂草、合理使用拔节肥等。

(6)病虫害防治方面:坚持"预防为主、综合防治"的原则,推广绿色防控技术,优先采用农业防治、物理防治和生物防治措施,配合使用化学防治措施。

(7)收获和贮运方面:在小麦黄熟期进行收割,有条件的提倡机械化收割,并按照 NY/T 658 和 NY/T 1056 的标准进行包装、贮存与运输。

2. 畜牧业的生产操作规程

畜牧业的生产操作规程主要包括畜禽的选种、饲养、防治疾病等方面的内容。

(1)选择饲养适应当地生长条件、抗逆性强的优良品种;

(2)主要饲料来源于无公害区域内的草场、农区、绿色食品饲料种植地和绿色食品加工产

品的副产品;

(3)饲料添加剂的使用必须符合生产绿色食品的畜禽饲料及饲料添加剂使用准则,畜禽房舍消毒及畜禽疫病防治用药,必须符合生产绿色食品的兽药使用准则;

(4)采用生态防病及其他无公害技术,严格按照绿色食品动物卫生准则的要求进行。

3. 水产品养殖生产操作规程

水产养殖生产操作规程的主要内容包括以下几点:

(1)养殖用水必须达到绿色食品要求的水质标准;

(2)选择饲养适应当地生长条件的抗逆性强的优良品种;

(3)鲜活饵料和人工配合饲料应来源于无公害生产区域;

(4)人工配合饲料的添加剂使用必须符合生产绿色食品的畜禽饲料及饲料添加剂使用准则;

(5)疫病防治用药必须符合生产绿色食品的渔药使用准则;

(6)按照绿色食品海洋捕捞水产品生产管理规范的要求操作,并采用生态防病及其他无公害技术。

4. 绿色食品加工品的生产操作规程

绿色食品加工品的生产操作规程包括以下主要内容:

(1)加工区环境卫生必须达到绿色食品生产要求;

(2)加工用水必须符合绿色食品加工用水水质标准;

(3)加工原料主要来自于绿色食品产地;

(4)加工所用的设备及产品包装材料的选用,都要具备安全无污染条件;

(5)在食品加工过程中,食品添加剂的使用必须符合生产绿色食品的食品添加剂使用准则。

截至目前,现行有效地方标准生产操作规程有 38 项,其中种植业生产操作规程 36 项,畜牧业有肉牛屠宰和蛋鸡生产 2 项生产操作规程;生产操作规程以黑龙江、辽宁、内蒙古地方标准为主,占现行生产操作规程的 95%。

第五节　绿色食品产品标准

绿色食品产品标准是衡量最终产品质量的尺度,是树立绿色食品形象的主要标准,其也可以反映绿色食品生产、管理及质量控制水平。根据 WTO/SPS 协定(实施卫生与动植物检疫措施协定)的规定,关于食品安全措施,WTO 成员国必须按国家的措施建立在 CAC 推荐采用的标准、准则或建议的基础上。FAO/WHO 的 CAC 的各种标准和指南,作为联合国协调各个成员国食品卫生的质量标准的跨国性标准,一旦成为强制性标准,就可以作为 WTO 仲裁国际食品生产和贸易纠纷的依据。因此,绿色食品大多数产品标准的制订充分参照 FAO/WHO 的 CAC 和发达国家、地区的各种标准和指南,在我国的相关标准和国外先进标准的基础上,绿色食品产品标准中感官、理化要求等同于国家标准或行业标准中的优级或一级指标,安全卫生方面的检测项目和污染物指标限值一般严于国家标准和国际标准,而且大多数都有文献性的科学依据,有些还进行了验证试验。其标准体系见图 2-7。

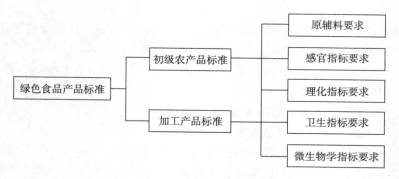

图 2 - 7 绿色食品产品标准结构图

目前,共有 111 项现行有效的产品标准。今后一段时间,我国仍以制订和修订大类产品(例如绿色食品蔬菜、水产品、蜂产品等)质量标准为主的方式,加快绿色食品质量标准体系建设的步伐。下面以《绿色食品 蜜饯》(NY/T 436—2009)及《绿色食品 产品检验规则》(NY/T 1055—2006)为例进行简述。

一、绿色食品 蜜饯(NY/T 436—2009)

(一)原辅料要求

原料来自绿色食品产地,符合相应绿色食品标准的要求;食品添加剂符合 NY/T 392 中的要求,不得添加人工合成色素。

(二)感官要求

感官指标包括色泽、组织形态、滋味与气味、杂质等几个方面,其比现行国家标准《蜜饯通则》(GB/T 10782—2006)分类更明确、要求更详细。

(三)理化要求

理化指标要求是绿色食品的内涵要求,包括应有的成分指标如水分、总糖和氯化钠指标。其指标要求严于非绿色食品的要求。

(四)卫生要求

卫生具体指标包括普通产品的铅、铜及砷,另外对色素、防腐剂、甜味剂、二氧化钛、滑石粉等指标要求都做了明确规定,指标较国家标准《蜜饯通则》(GB/T 10782—2006)更严格,这也是我国绿色食品产品标准与国外先进标准或国际标准接轨的充分体现。

(五)微生物学要求

产品的微生物学特征必须保持,如活性酵母、乳酸菌等,这是产品质量的基础。但微生物污染指标必须相当于或严于国家相关产品的标准,如《绿色食品 蜜饯》(NY/T 436—2009)中菌落总数(≤500cfu/g)、霉菌(≤25cfu/g)比《蜜饯通则》(GB/T 10782—2006)的菌落总数(≤1000cfu/g)、霉菌(≤50cfu/g)减少了一半。这些都充分说明了绿色食品的安全性系数较非绿色食品高。

二、绿色食品 产品检验规则（NY/T 1055—2006）

（一）适用范围

本标准适用于绿色食品的产品检验,规定了绿色食品的产品检验分类、抽样和判定规则。

（二）检验分类

1. 交收检验

每批产品交收(出厂)前,都应进行交收(出厂)检验,交收(出厂)检验内容包括包装、标志、标签、净含量和感官等,对加工产品还应包括理化指标,检验合格并附合格证方可交收(出厂)。

2. 型式检验

型式检验室对产品进行全面考核,即对产品标准规定的全部指标进行检验,同一类型加工产品每年应进行一次;种植(养殖)产品每个种植(养殖)生产周期应进行一次。有下列情形之一时,也应进行型式检验:

(1)国家质量监督机构或主管部门提出要进行型式检验要求时;

(2)加工产品停产三个月以上以及种植(养殖)产品因人为或自然因素使生产环境发生较大变化时;

(3)加工品的原料、工艺、配方有较大变化,可能影响产品质量时;

(4)前后两次抽样检验结构差异较大时。

3. 认证检验

申请绿色食品认证的食品,应按本标准第4章确定的该产品相应的标准中的全部指标进行检验。

4. 监督检验

监督检验是对获得绿色食品标志使用权的食品质量进行的跟踪检验。组织监督检验的机构应根据抽查食品生产基地环境情况、生产过程中的投入品及加工品中食品添加剂的使用情况、所检产品中可能存在的质量风险确定检验项目,并应在监督抽查实施细则中予以明确规定。

（三）检验依据

(1)对已颁布绿色食品标准的产品应按相应标准进行检验。

(2)未指定绿色食品标准但仍在绿色食品认证规定范围内的产品,检验依据的确认程序采用如下方法:

①将申报的产品与已有绿色食品标准的产品进行共性归类,若其特性和生产情况等与已颁布绿色食品产品标准的产品相同或相近,可参照执行相关的绿色食品产品标准。

②查询检索相关产品的国家标准或行业标准,按相应的国家标准或行业标准执行,若有分级时按其标准的优(特)级或一级指标执行。

③企业标准基本符合绿色食品有关质量要求的,执行相关企业标准。同时认证机构可根据食品生产过程中的化肥、农药、兽药等投入品及加工品中食品添加剂的使用情况、所检产品

中存在的主要质量安全问题增加相应的检测项目。

④以上方法都不适用时,认证机构组织专家按绿色食品标准的有关要求对企业执行的企业标准或地方标准审查、修改后,由企业在其所在地标准化行政管理部门以企业标准形式备案后执行。

(四)抽样

1. 组批

(1)种植(养殖)产品　产地抽样时同品种、相同栽培(养殖)条件、同时收购(捕捞、屠宰)的产品为一个检验批次;市场抽样时同品种、同规格的产品为一个检验批次。包装车间或仓库抽样时同一批号的产品为一个检验批次。

(2)加工产品　同一班次生产的名称、包装和质量规格相同的产品为一个检验批次。

2. 抽样方法

具体抽样按照 NY/T 896 的规定执行。

(五)判定规则

1. 结果判定

(1)检测项目全部合格时则判定该批产品合格。包装、标志、标签、净含量、理化指标等项目有两项以上(含两项)不合格时则判定该批产品不合格,如有一项不符合要求,可重新加倍取样复验,以复验结果为准。任何一项卫生(安全)或微生物学(生物学)指标不合格时则判定该批产品不合格。

(2)当绿色食品有关产品标准中的安全卫生指标相应的国家限量标准被修订时,新的国家限量标准严于现行绿色食品标准时,则按国家限量标准执行;现行绿色食品标准严于或等同于新的国家限量标准则仍按现行绿色食品标准执行。

(3)检验机构在检验报告中对每个项目均要做出"合格"、"不合格"或"符合"、"不符合"的单项判定;对被检产品应依据检验标准进行综合判定。

2. 限度范围

初级农产品每批受检样品抽样检验时,对感官有缺陷的样品应做记录,不合格百分率按有缺陷的个体质量计算。每批受检样品的平均不合格率不应超过 5% ,且样本数中任何一个样本不合格率不应超过 10% 。

第六节　绿色食品包装和标签标准

近年来,食品安全问题频繁发生,影响人们的身体健康和社会的稳定发展,引起社会各界的广泛关注。然而,人们关注食品安全,大多仅从食品本身的安全出发,而食品包装容器(材料)紧密接触食品,也可能污染食品,但是包装带来的食品安全问题并未引起社会各界的广泛关注。自 2005 年以来,由食品包装引起的食品安全问题已时有发生,从"聚氯乙烯(PVC)保鲜膜致癌风波"、"雀巢液态婴儿奶被包装印刷油墨污染在欧洲多国被召回"到"近期台湾的塑化剂风暴",人们逐渐认识到包装与食品安全的关系。食品包装是为了在食品流通过程中保护产品、方便储运、促进销售而按一定技术方法采用的容器、材料及辅助物的总称。包装对于食品来说,由于其与人们的生命健康息息相关,因此,为防止食品污染、变质,不仅要求食品包装外形美观,方便携带,更重要的是要提高质量,以确保食品安全。这无疑对食品包装材料及辅料本身的性能优劣、是否绿色环保及包装的生产设计、制作工艺等提出了更高的要求。

我国部分出口绿色食品受阻于国际绿色贸易壁垒,大多与包装的环保性能达不到进口国的标准有关,因此指定绿色包装的评价标准势在必行。并且针对绿色食品包装中普遍存在的苯类超标问题,我国制订的《绿色食品 包装通用准则》(NY/T 658—2002)已经于 2003 年 3 月 1 日起实施。绿色食品的绿色包装化已经成为包装行业发展的必然趋势。

绿色包装设计理念的出发点就是"人与自然"。所以,绿色包装是指对生态环境和人体健康无害、无环境污染、能循环和再生利用,可促进持续发展的包装。因而世界上发达国家确定了包装要符合"4R + 1D"的原则(Reduce、Reuse、Recycle、Recover、Degradable)即低消耗、开发新绿色材料、再利用、再循环和可降解。据专家预测,未来 20 年内绿色食品将主导世界市场,而良好的绿色包装是绿色食品在消费者中间的通行证。它对于塑造绿色食品品牌,保证绿色食品质量有着重要的意义。

食品业是 21 世纪的朝阳产业,随着人们生活质量的不断提高和对健康消费的日益重视,对食品的质量和安全将有更高的要求,在食品安全中要求达到绿色包装,在包装设计及容器制造的过程中要充分考虑绿色包装材料、绿色包装工艺的选择,尽量做到安全包装,并且通过建立相关的法律法规来约束食品包装行业。

一、绿色食品包装的基本要求

(1)包装减量化,即尽量减少包装材料的使用。

(2)包装再利用,即包装物易于回收能够重复使用、能加工生产再生产品、焚烧产生热能和电能、堆肥处理能改善土壤等。

(3)包装废弃物可降解、腐化,即包装材料符合环保的特点,容易被降解、不污染环境,如近年来推广使用的可回收纸包装、可降解塑料包装和生物包装等。

(4)包装材料对人体无毒、无害,而且不会与内装物品发生化学反应,产生有毒、有害的物质。

(5)在强度、使用寿命和成本相同的条件下,追求包装的轻薄化,既可以提高运输、装卸搬运和仓储空间的效率,也可以减少废弃包装材料的数量,减少无谓的资源消耗。

二、绿色食品 包装通用准则(NY/T 658—2002)

《绿色食品 包装通用准则》(NY/T 658—2002)于 2002 年 12 月 30 日发布,2003 年 3 月 1 日实施。其主要(特殊)内容如下:

(一)范围

本标准适用于绿色食品,规定了绿色食品的包装必须遵循的原则,包括绿色食品包装的要求、包装材料的选择、包装尺寸、包装检验、抽样、标志与标签、贮存与运输等内容。

(二)要求

(1)根据不同的绿色食品选择适当的包装材料、容器、形式和方法,以满足食品包装的基本要求。

(2)包装的体积和质量应限制在最低水平,包装实行减量化。

(3)在技术条件许可与商品有关规定一致的情况下,应选择可重复使用的包装;若不能重复使用,包装材料应可回收利用;若不能回收利用,则包装废弃物应可降解。

(4)纸类包装要求:

①可重复使用回收利用或可降解。

②表面不允许涂蜡、上油。

③不允许涂塑料等防潮材料。

④纸箱连接应采取粘合方式,不允许用扁丝钉钉合。

⑤纸箱上所作标记必须用水溶性油墨,不允许用油溶性油墨。

(5)金属类包装应可重复使用或回收利用,不应使用对人体和环境造成危害的密封材料和内涂料。

(6)玻璃制品应可重复使用或回收利用。

(7)塑料制品要求:

①使用的包装材料应可重复使用、可回收利用或可降解。

②在保护内装物完好无损的前提下,尽量采用单一材质的材料。

③使用的聚氯乙烯制品,其单体含量应符合 GB 9681 要求。

④使用的聚苯乙烯树脂或成型品应符合相应国家标准要求。

⑤不允许使用含氟氯烃(CFS)的发泡聚苯乙烯(EPS)、聚氨酯(PUR)等产品。

(8)外包装上印刷标志的油墨或贴标签的粘着剂应无毒,且不应直接接触食品。

(9)可重复使用或回收利用的包装,其废弃物的处理和利用按 GB/T 16716 的规定执行。

(三)抽样

根据包装材料及相关产品中规定的检验方法进行抽样。一般生产中按 GB/T 2828 执行;产品认证检验、监督抽查检验、鉴定检验及仲裁检验均按 GB/T 15239 执行。

(四)标志与标签

绿色食品外包装上应印有绿色食品标志,并应有明示使用说明及重复使用、回收利用说明。标志的设计和标识方法按有关规定执行;绿色食品标签除应符合 GB 7718 的规定外,若是特殊营养食品,还应符合 GB 13432 的规定。

三、绿色食品包装标签标准

食品标签是指预包装食品包装上的文字、图形、符号及一切说明物。任何商品都有标签,借以显示和说明商品的特性和性能,向消费者传递信息。一个标准化的食品标签,反映着一个国家或地区的水平、社会文明和食品企业的素质。

按照《预包装食品标签通则》(GB 7718—2011)的规定,食品标签应当真实、准确、通俗易懂、有科学依据,不得标示违背营养科学常识的内容,也不应具有暗示预防、治疗疾病作用的内容;增加了推荐标示可能对人体致敏物质的要求。同时强调了食品标签中食品添加剂的标示方式,要求所有食品添加剂必须在食品标签上明显标注。

包装政府环保部门明确规定,绿色食品包装除必须满足食品包装的基本要求外,还应符合《绿色食品标志设计标准手册》(以下简称"手册")的要求,将绿色食品标志用于产品的内外包装。标准图形、字体、图形与字体的规范组合,标准色、广告用语及用于食品系列化包装的标准图形、编号规范,均应符合《手册》的严格要求。

绿色食品外包装上应印有绿色食品标志,并应有明示使用说明及重复使用、回收利用说明。标识的设计及标识方法符合《手册》的要求。绿色食品标签除应符合《预包装食品标签通则》(GB 7718—2011)规定以外;若是特殊营养食品还应符合《预包装特殊膳食用食品标签通则》(GB 13432—2004)的规定;若是饮料酒还应符合《预包装饮料酒标签通则》(GB 10344—2005)的规定。其包装标签必须标注食品名称、配料清单、配料的定量标示、净含量和沥干物(固形物)含量、制造者(经销者)的名称和地址、日期标示和贮藏说明、产品标准号、质量(品质)等级、其他强制标示内容(辐照食品、转基因食品等)。这从法律法规上规范了绿色包装,让绿色包装有法可依,保证了绿色包装的正常发展。

四、绿色食品标志防伪标签标准

实施绿色食品标志防伪标签对绿色食品具有"双层"保护作用和监控作用。由于绿色食品标志防伪标签具有技术上的先进性、使用上的唯一专用性、价格上的合理性、标签类型的多样性等特点,能满足不同绿色食品的包装需要。

由于绿色食品标志防伪标签的重要性,对防伪标签的管理也格外严格,如生产管理、供应管理和使用管理等。绿色食品标志防伪标签的生产实行全面质量管理,从原料的选择到最终产品的贮运,都实行"岗位负责制",严把质量关。在对绿色食品标志防伪标签的使用方面必须做到以下三点:

(1)许可使用绿色食品标志的产品必须加贴绿色食品标志防伪标签。

(2)绿色食品标志防伪标签只能使用在同一编号的绿色食品产品上。非绿色食品或与绿色食品防伪标签编号不一致的绿色食品产品不得使用该标签。

(3)绿色食品标志防伪标签应贴于食品标签或其包装正面的显著位置,不得掩盖原有绿标、编号等绿色食品的整体形象;贴用防伪标签的位置应固定,不可随意变化。

第七节 绿色食品贮藏运输标准

不同的绿色食品采用不同的贮运方法,明确规定贮运时的运输方式,保证在贮运过程中不改变品质,不受污染,节能、环保。

一、绿色食品贮藏必须遵循的原则

(1)贮藏环境必须洁净卫生,不能对绿色食品产品引入污染。

(2)选择的贮藏方法不能使绿色食品品质发生变化、引入污染。如化学贮藏方法中选用化学制剂需符合《绿色食品 添加剂使用准则》。

(3)在贮藏过程中,绿色食品不能与非绿色食品混堆贮存。

(4)A级绿色食品与AA级绿色食品必须分开贮藏。

二、《绿色食品　贮藏运输准则》(NY/T 1056—2006)

下面以绿色食品柑橘为例简述对《绿色食品　贮藏运输准则》的理解。绿色食品的贮藏和运输是对绿色食品进行处理的最终阶段,也是关键阶段,因此显得特别重要。

(一)采后预处理

先对采后的果实进行初选,以剔除畸形果、病虫害果、落蒂果和新伤果等,然后用清水清洗果面。

拟贮藏的果实,必要时可立即(采摘当天)进行防腐处理,可用于绿色食品柑橘采后防腐处理的药剂有抑霉唑、双胍辛胺乙酸盐和噻菌灵,处理方法可采用药液浸果,浸湿果面后取出晾干。

经过果面清洗或防腐处理后的果实要进行预贮(预冷)处理,即将果实装入清洁通风的盛果容器中,置于通风、阴凉的地方吹风3d～5d。

采后立即上市的果实,也可在采后先进行预冷,前后在果面清洗后接着进行打蜡等商品化处理。

(二)贮藏

经预贮后的果实,可采用聚乙烯薄膜袋单果包装,再装入塑料箱等贮果容器内,贮果容器的内壁必须平整、洁净,必要时应垫衬软物。装好箱后再入库贮藏。

用作贮藏柑橘的贮藏库有通风库和冷藏库等,通风库房(农户贮藏也可选用适宜的民房或简易库房)应具有良好的通风换气条件和保温保湿能力;普通民房应选择温湿度变化较小而通风保湿良好的房间。果实贮藏前,贮藏库房应堵塞鼠洞,打扫干净,用具洗净晒干后放入库房,果实入库前1周,每平方米库容用硫磺粉10g加次氯酸钠1g,密闭熏蒸消毒24h。在入库前24h敞开窗门通风换气。果实入库后,库房内的温度宜保持在5℃～20℃,以5℃～10℃为最适宜,相对湿度宜保持在85%～90%。可根据库房内外的温湿度情况,选时进行通风换气,并借此来调节库内温湿度。也可采用加盖塑料薄膜等其他调节温湿度措施。贮藏期间定期检查果实腐烂情况,烂果要挑出处理,若腐烂不多,尽量不翻动果实。

入冷藏库贮藏的,先要经过2d～3d预冷,再根据柑橘的类型调节到适宜的温湿度,其中宽皮柑橘类的适宜温度为5℃～8℃、柚类和甜橙类为3℃～5℃,适宜的相对湿度均为85%～90%。

(三)运输

绿色食品柑橘的运输应注意以下几点:

(1)运输工具必须清洁、干燥、无异味,装载过农药或其他有毒化学品的车船,在使用前一定要清洗干净,并垫上清洁的物品。

(2)不能与其他物品(特别是有毒有害的,可能造成柑橘污染的物品)混装。

(3)装运的果实必须要有结实整齐的包装,不同的包装箱应分开装运,轻装轻放,排列整齐,一般采用交叉堆叠或品字形堆叠。

(4)运输必须及时,做到快装、快运、快卸。

(5)装卸及运输过程中果实不能受到日晒雨淋,运输工具要有遮阳避雨设施,水运时应防止水溅入舱中。

（6）运输途中注意车箱或船舱内的温湿度变化,最好能将温度控制在5℃～20℃,相对湿度保持在85%～90%。

 思 考 题

1.什么是绿色食品标准?

2.绿色食品标准体系由哪几部分构成?

3.绿色食品标准和绿色食品标准体系各有什么特点?

4.绿色食品标准的等级标准有什么区别和联系?

5.绿色食品标准制定的原则和依据是什么?

6.结合实际简述绿色食品标准体系六部分的内容及适应性。

第三章　种植业绿色食品生产技术

　　绿色食品生产是由绿色食品自身特性决定的,它是在未受污染、洁净的生态环境条件下进行的;生产过程中通过采取先进的栽培技术措施,最大限度地减少和控制对产品和环境的污染和不良影响;最终获得无污染、安全的产品和良好的生态环境。本章主要从农作物的栽培管理、肥料、农药的合理使用等方面来阐述,要求按照绿色食品的标准和规则,综合运用现代农业的各种先进理论和科学技术,排除因高能量投入、大量使用化学物质带来的弊病,吸收传统农业的农艺精华,使之有机结合到全新的生产方式中。生产技术措施着重围绕控制化学物质的投入,减少对产品和环境的污染,达到农业生态系统良好的生态循环。

第一节　作物种子和种苗的选择

　　作物品种是农业生产中重要的生产资料,对绿色食品生产起着重要的作用。通过选育和推广优良品种,可以提高作物的产量和改善产品的品质,丰富农产品的种类,满足市场的需求,从而为绿色食品的开发提供充实的资源。

一、绿色食品种植业生产对良种选育的基本要求

　　由于绿色食品产品特定的标准和生产操作规程要求限制速效性化肥和化学农药的使用,在这样的栽培技术条件下,不仅需要高产优质的优良品种,而且需要抗性强的优良品种。抗性品种在减轻自然灾害方面起着重要的作用,尤其在避免病虫危害、减少农药的使用方面起着预防和决定性作用。因此,在选育和应用品种时要遵循以下要求:

　　(1)在兼顾高产、优质、优良性状的同时,注重高光效及抗性强品种的选用。

　　(2)在不断充实、更新品种的同时,注重保存原有地方优良品种,保持遗传的多样性。

　　(3)加速良种繁育,为扩大绿色食品再生产提供物质基础。

　　(4)绿色食品生产栽培的种子和种苗必须是无毒的,并且来自绿色食品生产系统。

二、良种选育的具体措施

(一)引种

　　良种引种指从外地或国外引进新作物、新优良品种,供当地生产推广应用。引种是丰富当地的作物种类,解决当地品种长期种植有可能退化的有效途径。引种还要根据当地的气候条件、土壤性状等,选择适宜当地生产的品种。严格做好引种前品种的检验检疫工作,AA 级绿色食品生产基地严格禁止引进转基因品种。

　　在引种工作中应注意以下六点:

　　(1)引种必须有明确的目标,结合当地生产的实际需要,有计划、有目的、有组织地进行,不能盲目引种,以免重复。

　　绿色食品生产过程中引种在注意选高产、优质品种的同时,必须注重引选抗病虫、抗逆性

强、高光效的品种。目前部分地区已将抗性列为引种的主要目标,这是绿色食品生产规程要求的。

(2)引种前应摸清拟引入品种各方面的性状,特别是对稳定、光照的要求,这是引种能否成功的关键。因为光照和温度是人为难以控制的自然气象因子,而它们又是作物生长发育需要的重要生态条件,如果差别过大,引种的自然条件不能与品种生态条件相适应,引种难以成功。

(3)引种时要把品种特性与其栽培条件联合考虑。即不仅应了解品种对土质、肥水条件的要求,而且要掌握耕作制度和栽培水平等方面的特点。

(4)生产基地在引种、选择品种时,应保持遗传的多样化,即品种多样化。不宜在基地内选择和保留单一的品种,而应有计划地在不同地块种植具有不同优良性状的品种,或轮换种植不同优良品种。因为不同品种对生态及栽培条件的要求不同,抗逆性、抗病虫能力也有差异,品种的多样性可以充分利用当地的自然和生产资源可减少不利因素的影响。

绿色食品生产基地在更换新品种的同时,应注意保存生产中曾应用的优良品种,特别是古老的地方品种。有条件的在基地范围内建立品种资源圃来自行保存,无条件的应交国家种质资源圃或建有资源圃的单位保存。

(5)引种试验是引种前必须进行的前期考察工作。用作试验的种子可以少量引入,将欲引入的一个或多个品种与当地生产用良种在同一地块、相同栽培条件下比较,观察了解新品种在本地生态条件下的适应性、丰产性和抗逆性,从中选出符合要求的品种;了解品种对不同自然条件和耕作条件的反应,以确定新优良品种推广应用范围,并为制定适宜的栽培措施提供依据。

(6)严格做好引进品种的检验检疫工作,这也是绿色食品生产引种不可缺少的关键环节,特别是带有当地检疫对象种子的进入,以防止危险性病虫草害的扩散传播,降低植保工作难度,避免给生产造成严重损失。

(二)良种繁育

良种应是纯度高、杂质少、籽粒饱满、活力强的种子,要健全防杂保纯制度,采取有效的措施防止良种混杂退化,并有计划地做好去杂选优、良种提纯复壮工作。

加速良种繁育是迅速推广良种,提高生产水平的重要步骤。在良种繁育方面,种子的生产基地至关重要,县级绿色食品生产基地要抓好种子田和良种繁育体系的建设,应根据当地生态条件、栽培习惯、技术力量,采用多种繁育方式以加速良种的繁育工作。

(三)种子检验

以国家标准《农作物种子检验规程》为依据,应用科学的方法,对农业生产的种子品质或种子质量进行细致地检查分析、鉴定,以判断其优劣,种子检验是保证种子质量的关键,特别是把种子作为商品流通后,种子检验工作就显得更重要。生产、加工、销售过程的种子质量,都必须通过检验来确定。绿色食品产地或基地都应重视此项工作,建立相应的检验制度,对自己繁育的种子或引入的种子,按规定进行检验,以减少或避免因种子质量造成重大损失。

第二节　绿色食品生产种植制度

耕作技术是一个地区或生产单位的作物种植制度以及与之相适应的养地制度的综合技术

体系。绿色食品生产要求基地逐步形成和建立良好的农业生态系统,提高土地的综合生产能力,因此,必须建立一套合理的耕作制度。

一、绿色食品生产对耕作制度的要求

(1)通过合理的田间作物配置,建立绿色食品的种植制度,充分合理地利用土地及其相关的自然资源。

绿色食品生产对耕作制度的要求不提倡单纯从土地中索取,而强调"种地"和"养地"的结合,全面改善农田营养物质的循环,减少和避免土地的恶化进程。合理地调节和保护现有土地资源,不断提高土地生产力,并为持续增产创造有利条件。

(2)通过耕作措施改善生态环境,创造有利于作物生长、有益于微生物繁衍的条件,以防止病虫草害的发生,不断提高土壤生产力,保证作物全面、持续地增长。

二、具体措施

(一)作物轮作

作物轮作是在同一块地进行轮种不同作物的一种种植方式。实行作物轮作是一项对土地用养结合、促进农业发展,持续增产的有利措施。

1.轮作可以调节土壤养分和水分的供应

因为不同作物对所需的养分种类、数量和时期各有不同。例如稻、麦等禾谷类作物对氮、磷、硅的吸收量大,对钙的吸收量较小;黄豆、绿豆等豆类作物对氮、磷、钙的吸收量大,对硅的吸收量较小。不同作物对水分的要求也不尽相同,对水分适应性不同的作物进行轮作,可以充分合理地利用全年的自然降水和土壤中蓄积的水分。

2.轮作能改善土壤的理化性状

由于不同作物根系分布深浅不一,遗留于土壤中的茎秆、残茬、根系和落叶不同,对土壤中养分的补充数量和质量有较大差异,从而影响土壤的理化性状。通过轮作可以相互补充,改善土壤的理化性状。

3.轮作还可减轻病虫杂草的危害

不同作物侵染病虫杂草的种类和发生数量有很大的差异,病虫杂草的发生与土壤也有很大的关系。杂草的根系长在土壤中,种子也掉落在土壤里,通过作物生育期的不同可以抑制某些杂草的生长。不少作物有伴生的杂草,如稻田的稗草、豆类上的菟丝子,通过不同的轮作管理措施,就可控制这些杂草的发生。有些害虫食性范围较窄,作物轮作后切断了食物源,不利于这些害虫找到寄主。绿色食品生产应将轮作列入种植制度,根据不同作物进行合理安排,特别是一年生的农田、菜地,更要注意轮作的品种搭配,避免有相同的病虫害发生。

绿色食品生产地在安排种植计划时,应将轮作计划安排其中。尽量采用轮作,减少连作,以充分利用轮作的优点,克服连作的弊端。轮种作物应选择不同类型、非同科、同属作物,避免有相同的病虫害;养地作物安排在前,为后作创造良好条件,产地主作物安排在最好的茬口位置。

绿色食品生产地在需连作情况下,也只能根据不同作物对连作的反应,适当延长在轮换周期中的连作时间。连作情况下更应加强栽培管理,根据土壤养分状况,增施有机肥和缺失的营养元素;改善土壤耕作;尽量利用短暂的季节休整和复种生长期短的绿肥蔬菜等作物;有步骤地选用抗病品种。

（二）合理间作套种

间作套种是充分利用土地和阳光的一种好方法,尤其是多年生的经济作物,在幼龄期土地空隙往往比较大,间作生育期短的作物不仅可充分利用土地、增加生产量,还可以减少土地的裸露,保水保肥,熟化土壤;高大的作物下间作矮小的作物也可以充分利用土地和阳光。

间套作物群体之间互补,同时也存在着竞争,不合理的滥用,非但无利,反而有害。例如,由于作物种类选择不当,可能出现作物争肥、争水现象或因种植方法采用不当,造成光照不足、通风不良,以至加重病虫害。

绿色食品作物生产应总结经验,既要利用互补作用发挥其长处,又要防止其消极有害的因素出现,应注意以下五点:

（1）间套作物要为主作物创造一个良好的田间生态环境,有利于作物群体之间互补。以玉米间作马铃薯为例,玉米秆高、根深、需氮多,而马铃薯株矮、根浅、需磷钾多。玉米喜光、高温,马铃薯较耐阴凉,间作在一起可利用各自所需的生态环境,减少竞争。

（2）选择间套作物种类或品种时,应选共生期间对大范围环境条件适应性大体相同的作物;选择特性相对应的作物。如植株一高一低,株型一大一小,根系一深一浅,生长期一长一短,收获期一早一晚的作物相互搭配,以削弱其竞争,但应注意优先保证主作物的生长。

（3）有利于病虫草害的抑制和消除,增强对自然灾害的防御。间作不合理有可能引起病虫害的相互感染,甚至猖獗发生。如高矮秆作物间作,由于改善了田间通风透气状况,能减少玉米叶斑病、小麦白粉病的发生。玉米间作菜豆,由于增加了天敌,有可能抑制危害菜豆的叶蝉。而果树间作茶叶,两者有很多相同的病虫害,如刺蛾等多食性害虫,会相互侵害,同时果树经常用药会滴落在茶树上,造成茶叶农药残留。

（4）绿色食品生产地应尽量利用空间和时间的间隙,如茶树和果树幼龄期种豆科植物或甘薯、花生;梨树、桃树下间作黄花菜;橡胶树与茶树间作等。

通过间套种利用时间的间隙发展绿肥作物,绿肥生长期短,可直接作为田间肥料,同时又是饲料,促进农业生态良好循环,实现农业全面持续良性发展。

（5）绿色食品生产地块内的所有间套作物种植都必须符合绿色食品生产的操作规程。

（三）土壤耕作

土壤是作物的立地基础,是农业生产最基本的生产资料和作物生长的生态环境条件,能够为植物生长提供养分、水分、空气、湿度等。合理的土壤耕作是作物高产的基础。

耕作项目包括翻耕、犁、耙、中耕等。其作用有松碎土壤,增加土壤透气性;翻转耕层,将上层残茬、有机肥、杂草埋入土中,有利于杂草、残茬的腐沤和有机肥的保存与分解,使下层土壤熟化;混拌肥料与土壤,使土壤营养物质均匀一致;平整土地有利于保墒,可提高其他农事操作的质量;压紧土壤可以减少土壤水分蒸发;土壤翻耕还可破坏地下害虫的栖息场所,有利于减少害虫的发生数量,也有利于天敌入土觅食。绿色食品生产根据各自耕作措施的作用原理,按作物生长对土壤的要求,灵活地加以利用。

（四）提高复种指数

在同一块地上,一年内种植两季或两季以上作物的种植方式叫复种。在自然条件允许的情况下,绿色食品种植业生产应充分利用农田的时间和空间,科学合理地提高复种指数。采取复种方式时,要根据当地的气候条件因地制宜、因时制宜。如日平均气温10℃以上的日期在180d～250d 范围内的地区,大田粮食作物可实行一年两熟;250d 以上的可实行一年三熟;少于180d 的只能一年一熟。但粮食作物如能与生育期短的蔬菜、饲料作物搭配,在有效积温较少的地区仍能很好地提高复种指数。

绿色食品生产地要重视复种作物的选择与配置,充分考虑前茬给后作、复种作物给主作物创造良好的耕作层及土壤肥力条件。例如前茬为豆科植物,它对地力要求不高,本身具有根瘤菌可以固定空气中的氮素,收获后其根系和根瘤菌残留于土壤中,既可保留有较多的氮素,其根瘤菌在土壤中又可起固氮作用,为后作提供氮肥。绿肥可以利用主作物收获后的季节间隙或土地间隙生长,绿肥生育期较短、生长量大,地上部分可做饲料或直接做肥料,地下部分可翻埋入土,为主作物提供肥料。同时,绿色食品生产地要重视复种时同期或前后期的作物不应有共同寄主的主要病虫害,否则会造成交叉感染。一般来说,不同科的植物病虫害种类差异较大,复种时可减少相互危害。

(五)防除杂草

绿色食品生产由于产品质量的要求,生产操作过程中限制化学除草剂的使用,而人工除草很费工,有时由于未能及时安排劳动力除草,草害严重会使农作物生长环境恶化,降低农作物的产量和品质,而且可能影响下一个生长季节或来年,加重杂草的蔓延和危害,增加绿色食品生产地杂草防除的困难。因此安排本地区或本单位种植制度和养地制度的同时对杂草防治给予足够重视,针对当地主要杂草采取综合防除措施。

在绿色食品生产中应尽量减少和避免使用化学除草剂。因为化学除草剂会给环境带来污染,与绿色食品生产宗旨、质量标准要求不符,AA级绿色食品和有机食品严禁使用任何有机合成化学农药,A 级绿色食品要严格按照绿色食品农药使用准则的要求使用。

第三节 土壤管理与肥料使用

肥料是农作物生长的基础,没有足够的肥料,农作物难以有好的收成。因此,肥料对绿色食品的生产有重要作用。

一、土壤管理及肥料使用与绿色食品生产的关系

(一)施肥能提高土壤肥力和改良土壤

土壤肥力是土壤的基本特征,是作物将太阳能转化为化学能的物质基础。土壤肥力来自自然肥力和人为肥力,前者是在自然条件下,土壤形成过程中产生的;后者是人为因素形成的。自然肥力可以无偿利用,但随着使用年限的延长将逐渐降低变得贫瘠,必须经常人工施肥,保持和提高土壤肥力,才能满足作物生长的需要。施肥,尤其施用有机肥,能增加土壤中的有机质含量,改善土壤结构,调整土壤 pH,保持作物生长发育和土壤微生物活动的适宜环境,还可以降低土壤中不良因素的影响,改良土壤。土壤改良和土壤肥力的提高,为绿色食品作物生长创造良好的环境。

（二）施肥是增加绿色食品产量的基础和保证

增加绿色农产品单位面积产量,需从多方面综合考虑,通过培肥,提高土壤生产力,平衡和改造农作物所必需的营养物质的供应状况,使作物生长健壮,收成良好,因此施肥是提高农作物单位面积产量极为重要的措施之一。据大量试验数据估算,世界粮食增产量的 40% ~ 50% 是依赖于肥料的使用。同时通过施肥可以增强作物的抗逆性,如充足的磷、钾营养,有利于作物大量贮存矿物质、糖分和蛋白质等,提高和促进细胞的渗透作用,降低霜冻造成的损失。合理的施肥,可以使植株健壮,增强作物抗病虫的能力,从而减少农药的使用量,减少对产品和环境的污染,并有利于绿色食品产量的提高。

（三）合理施肥可促进绿色食品品质的提高

通过施肥可以改善农产品品质已逐渐被人们认识,尤其是发展商品生产和绿色食品生产的今天。例如小麦生长开花期施用氮肥不仅可以提高籽粒产量,还能改善和提高蛋白质含量,并能提高其焙烤加工品的质量。

二、绿色食品的施肥技术

（一）创造良性的养分循环条件

在绿色食品种植业产（基）地要创造农业生态系统的良性养分循环条件,充分开发和利用当地的有机肥源,合理循环使用有机物质。农业生态系统养分循环是由植物、土壤和动物三个基本部分组成,绿色食品生产要协调与统一三者的关系,要充分利用植物（绿肥）及植物残余物（绿肥或秸秆等）、动物的粪尿及废弃物和土壤中有益微生物菌群进行养分转化,不断增加土壤的有机质含量,提高土壤肥力。

（二）经济、合理地施用肥料

要按照绿色食品质量要求,根据气候、土壤及作物生长的需要,正确选用肥料种类、品种,确定施肥时间和方法,以较低的投入取得较好的经济效益。

（三）以有机肥为主体,尽量使有机物质和养分还田

有机肥料是全营养肥料,不仅含有各种作物所需的大量营养元素和有机质,还含有各种微量元素、氨基酸等;有机肥料的吸附量大,而且被吸附的养分易被作物吸收利用,同时它还具有改良土壤,提高土壤肥力,改善土壤保肥保水和通透性能的作用。

但施用的有机肥要经高温堆制、过筛去杂等无害化处理措施,以减少可能造成的污染和负作用。

（四）充分发挥有益微生物在提高土壤肥力中的作用

土壤有机质通常要依靠土壤中有益微生物群的活动,分解成可供作物吸收的养分而被利用。为此,要通过农业耕作措施,调节土壤中水分、空气、温度等状态创造适合有益微生物群繁殖和活动的环境,以增加土壤中有效肥力。近年来微生物肥料在我国悄然兴起,绿色食品生产

可有目的地施用不同种类的微生物肥料制品,以增加土壤中有益微生物群,发挥其作用。

(五)尽量控制和减少化学合成肥料,尤其是各种氮素化肥的使用。必须使用时,也应与有机肥配合使用

AA级绿色食品生产中除可使用微量元素和硫酸钾煅烧磷酸盐外,不允许使用其他化学合成肥料。A级绿色食品生产中允许限量使用部分化学合成肥料,但禁止施用硝态氮肥,化学肥料使用时必须与有机肥按含氮量1:1的比例配合使用,最后使用时间为作物收获前30d。

三、绿色食品生产中肥料使用的注意事项

(一)使用有机肥的基本要求

(1)所有选用的有机肥种类,应符合《生产绿色食品肥料施用准则》中的有关内容要求。

(2)除秸秆还田外,其他多数有机肥应作无害化处理和腐熟后使用,以防止污染土壤和产生有毒产品。其腐熟标准按《生产绿色食品肥料施用准则》中的规定执行。

(3)对于一些成分不清楚的较为复杂的城镇垃圾,要慎用。用前应按《生产绿色食品肥料施用准则》中城镇垃圾农用控制标准进行监测评价,不合格者禁止用到绿色食品生产田中。为保证肥料的质量,应指定专业部门对使用的肥料进行经常性营养成分检测,同时对一些重金属含量进行检测,以保证绿色食品生产中使用高效、无污染的优质有机肥。

(4)A级绿色食品生产中有机肥可与化肥配合施用,有机氮与无机氮之比以1:1为宜。

(5)除在病虫害发生特别严重的地块外,尽量避免选择烧灰还田的做法。

(6)生产绿色食品使用的有机肥料,原则上就地制造,就地生产,就地使用。对外来有机肥应在确认符合标准后方能应用;商品肥料及新型肥料必须通过国家有关部门的登记认证及生产许可,确认达到绿色食品肥料要求后才能使用。

(7)因施肥而造成对土壤、水源的污染,或影响作物正常生长,农产品质量不达标者,要停止这些肥料的使用,并及时向中国绿色食品发展中心及省绿色食品办公室报告,生产的绿色食品也不能继续使用绿色食品标志。

(二)选用化肥的适用原则

(1)选用的肥料品种必须符合相关产品标准及绿色食品生产对肥料规定的卫生标准,使用技术也应严格按照准则执行。

(2)对生产者进行宣传教育,提供技术培训。我国部分农民文化素质较低,缺乏科学技术和环保意识,只看到化肥能够增产,不了解化肥产生的负作用,因此盲目增施,造成施肥过量。因此有必要向农民进行宣传教育,并提供有关化肥性能、使用技术和如何保护农村环境等方面的技术培训。可通过广播、电视、报刊、杂志、培训班等形式,结合宣传、发展绿色食品一起进行。

(3)推广科学使用化肥。科学施肥方法很多,如有机肥与化肥配合使用、化肥与农家肥混合堆沤、平衡施肥、氮肥深施、测土施肥等。

(三)微生物肥料的使用原则

(1)微生物肥料产品应该有生产许可证号、产品质量检验合格证,符合国家或行业的标准,

包装和标签应完整,使用说明要清楚、明确。

（2）微生物肥料的产品种类与使用的农作物相符。

（3）要在其产品有效期内使用。这里所指的有效期是指在某一时间之前,因为超过有效期后杂菌数量大大增加,特定微生物数量下降,不能保证其有效菌数。

（4）贮存温度要合适。通常要求微生物肥料产品的贮存温度不超过20℃,4℃～10℃最好,开袋后尽快用完。

（5）应严格按照使用说明书的要求使用。尽量避免阳光直射,拌种后不宜存放较长时间,应随拌随用。

（6）微生物肥料的使用一般应注意避免与造成其特定微生物死亡或降低作用的物质合用、混用。例如一些杀虫剂、杀菌剂要通过试验,证明它们对微生物无杀灭作用后才可合用或混用。不能合用、混用的应分开使用。

（7）应考虑土壤的pH、作物的种类。最好的办法是在本地区推广使用某一微生物肥料品种前先进行广泛的试验,切不可盲目引进、盲目推广。

总之,在绿色食品生产中应用的肥料种类、数量、质量、方法等,都必须严格按照《生产绿色食品肥料施用准则》中的有关规定执行,以保证绿色食品的产品质量。

第四节 病虫害防治与杂草控制

一、有害生物防治与绿色食品生产的关系

有害生物综合治理(IPM)是在以整个作物系统中生物群落为调节单元的基础上,通过构建、协调各种保护措施以改善和增强有益生物的诱导因子,制约有害的生物因子,恢复人工生态系统的良性循环,促使益害生物种群达到某种生态平衡,从而可长期有效地压抑有害生物的暴发与危害。

IPM的发展不仅仅是强调技术的组合与协调,而要以维护资源的可持续性与再生性为前提,从以往强调"局部"技术的协调性转向于"全局"资源的维护、持续与再生的相关技术综合利用上来。

农作物在种植生长期间会经常受到有害生物或不良环境条件的影响,常因发生病虫害而造成重大损失。长期以来,在农业种植生产中人为投入大量的加工合成物质,打破了自然界中原有的生态平衡,诱发和加剧了某些病虫害的产生;"工业三废"导致的非侵染性病害也削弱了植物的抗病能力,从而加重了病虫害的发生。

目前大量而普遍使用的化学合成农药在防治有害病虫的同时,也杀伤了控制害虫的天敌和有益生物。而有害的昆虫和各种病原菌容易对农药产生抗性,需要不断更换农药种类或提高浓度,这就加重了对环境和产品的污染,形成了恶性循环,与绿色食品生产的宗旨及要求背道而驰。因此,病虫草害防治是绿色食品生产过程中确保丰收和产品质量的一项极其重要的工作。

二、绿色食品生产中有害生物防治的基本原则

(一)创造和建立有利作物生长、抑制病虫草害的良好生态环境

采用合理的种植制度和措施,促进农作物健壮生长,增强其自身抗病虫草害的能力;恶化

病虫繁殖蔓延的生活条件,改变生物群落,保持生产基地周围环境内遗传的多样性,保护和提供天敌的栖息地,以利于它们的繁衍;创造良好的生态环境,增强和发挥生态系统的自然控制能力。

(二)预防为主,防重于治

"预防为主,综合防治"是在 1975 年全国植保会议上提出的植物保护的方针之一。预防就是通过合理的耕作栽培措施,提高作物的健康水平和抗害、免疫能力,创造不利于病虫草害发生的条件,减少病虫草害的发生和减轻其危害。绿色食品种植生产中,必须贯彻以农业防治基础预防为主要方针,禁止打预防药,包括非有机化学合成农药在内的一切农药。通过改善农田生产管理体系,改变农田生物群落来恶化病虫草害发生与流行的环境条件;控制病虫的来源及其种群数量,调节作物种类、品种及其生育期;保护和创造有益生物繁殖的环境条件。

(三)综合防治

以农业生态学为理论依据,从农业生产全局出发,根据病虫草害与农作物、有益生物及环境等各种因素之间的辩证关系,充分发挥自然控制因素,因地制宜,合理应用必要的防治措施,将有害生物控制在危害水平以下,实现经济、生态和社会的多重效益。

在绿色食品生产中,综合防治具有重要意义。在绿色食品种植生产中,综合防治是必不可少的植保措施,其直接影响开发绿色食品目的的实现。实施综合防治,才可能实现经济效益、社会效益、生态效益的统一。

(四)优先使用生物防治技术和生物农药

在绿色食品种植过程中,要充分利用有益生物资源,即天敌对有害生物的抑制作用,培养或释放天敌,创造有利天敌繁衍的条件。优先进行生物防治,发挥天敌对自然的控制作用,降低农药的使用量,减少对产品和环境的污染。在必须使用药剂防治时,也应优先使用生物农药。虽然生物农药作用缓慢,但它们都来源于天然存在的动物、植物和微生物,毒性较小。杀虫病谱较窄,不易伤害标靶病虫以外的天敌、鸟类等,对作物不致产生药害,有利于生物多样性的发展,增强生态系统的自然控制能力。病虫一般对生物农药较少产生或不产生抗性。因此,在绿色食品生产中要优先使用。

(五)必须进行化学防治时要合理使用化学农药

所谓合理施药,就是要根据绿色食品质量的要求,在与其他防治措施相协调的前提下,严格选择农药种类和剂型,限定施药时间、用量及方法,达到既充分发挥化学药剂的作用,又能将消极作用减到最低的目的。所有人工化学合成的农药,则禁止在 AA 级绿色食品生产中使用。A 级绿色食品生产中作为其他防治方法的补充,允许使用部分化学农药。

近年来,随着科学技术的进步,国际上综合防治学科发展的趋势主要表现在:

(1)以农田生态系统中群落结构为基础,从食物网的分析,扩展到物质能流和化学信息流相互作用的关系分析,强化本地有益生物资源的综合利用。

(2)从片面的应用技术研究恢复到害虫种群的预测预报、种群发展的监测等方面,强调基础研究。

（3）从以"治"虫为目的、把农药当做"万能"的极端措施恢复到对"防"为主的"理性防治"相关技术的基础研究。

（4）从天敌和有益生物资源的引种、移植、培育的传统方法,扩展到利用基础工程等生物技术改造天敌及有益微生物的生物工程。

（5）从单一的调节有害生物数量的"防治"技术扩展到对"用生物学的方法"来协调控制有害生物。

（6）从强调大范围的系统研究恢复到对特定区域的农业实用技术研究。

（7）从以科学家课题型的技术研究扩展到以农民参与、农民决策,将技术直接转化为生产力的农民课题型研究。

（8）从科学家驱动的研究扩展到政府行为与公众利益驱动的应用管理即生物防治法规、管理条例、风险控制。

三、有害生物防治技术措施

(一)植物检疫

植物检疫是植保工作的第一道防线,通过植物检疫可以防止危险性病虫杂草等有害生物,在地区间或国家间经人为传播、扩散蔓延。病虫分布具有一定的地区性,但也存在扩大分布的可能性,传播途径主要随农产品的调运而扩大蔓延。一种病虫害传入新地区,一旦环境合适时,便会大量繁殖,其危害程度有时比在原产地更为严重。绿色食品种植业生产在引种和调运种苗中,依靠植物检验检疫机构,根据《植物检疫法》的规定,做好植物检验检疫工作。

(二)农业防治

农业防治是指综合运用栽培、耕作、施肥、选种等农业手段,对农田生态环境进行管理,来控制病虫草害的一种防治措施。

1.合理利用土地

合理利用土地就是因地制宜,选择对作物生长有利,而对病虫草害不利的田块,如抑病土壤。选择地块要考虑病虫草害的潜在危险;合理密植、控制植被覆盖率可以防治病虫害。许多病害在高密度种植田,因田间湿度大、不通风、不透气而较为严重。

2.深翻改土

深翻改土防治害虫主要是通过改变土壤的生态条件,抑制其生存和繁殖。将原来土壤深层的害虫翻至地表,破坏其潜伏场所,通过日光曝晒或冷冻致死;有些原在土壤表层的害虫被翻入深层不能出土而致死。土壤翻耕将杂草深埋入土,这是防除杂草的最有效的手段之一。

3.改进耕作制度

农作物的合理布局不仅有利于作物增产,也有利于抑制病虫害的发生;合理轮作对单食性或寡食性害虫可起恶化营养条件的作用。如东北实行禾本科作物与大豆轮作,可抑制大豆食心虫的发生;有些地区实行棉麦间作套种、棉蒜间作,可大大减轻棉蚜危害,但间作不当会加剧害虫危害。

4.抗性育种的利用

同种作物的不同品种对病虫的受害程度差异不同,表现为作物的抗病虫性。利用丰产抗性品种防治病虫害是最经济、最有效的方法。

目前作物抗性育种的特点是对各种主要病虫害的单项抗性研究向综合抗性发展,单项抗性研究所育成的品种,只能抵抗某一种病虫害的少数生理型,这种抗性易受地域或环境变化影响,一般不稳定。而综合抗性研究所育成的品种,能抵抗多种病虫或某一病害的多种生理型,受地域或环境变化的影响小。

5. 水肥管理

灌溉可影响土壤湿度及农田小气候,进而影响病虫害发生。如采用滴灌可促进作物的健壮生长,从而加强作物的抗病虫能力。

6. 田园卫生

及时清除田园枯枝落叶、残株残茬等,并予以销毁,可以破坏病虫害越冬场所和降低种群密度。如及时收捡田间落蕾、落花、落铃,收花后摘除枯铃,可大大减少棉花红铃虫的基数。在病害发生时及时摘去发病中心的病叶病果,清除残枝败叶都可有效地减轻病原物。如茶白星病、茶饼病发生严重的茶园,通过摘除病叶、清除落叶,可减轻发病程度。在秋冬季剪除病虫枝叶,可促进茶、果园的通风透气,有利于天敌发生,减少病虫越冬基数。

(三)物理机械防治及其他防治新技术

利用各种物理因子、机械设备以及多种现代化工具防治病虫杂草,称为物理及机械防治技术。物理机械防治的领域和内容相对广泛,包括光学、电学、声学、力学、放射性、航空及人造卫星的利用等。主要有以下几个方面:

1. 隔离法

在掌握病虫发生规律的基础上,在作物与病虫之间设置适当的障碍物,阻止病虫危害或直接杀死病虫,也可阻止空气传播病菌的侵入。利用银光薄膜覆盖可减少蚜虫危害发生;用防虫网可阻止小菜蛾、菜青虫对大棚蔬菜的危害;在树干上涂胶刷白可防治害虫下树越冬和上树产卵的危害;果实套袋可有效防止梨、桃、葡萄等受到病虫的危害。

2. 消除法

主要是去除作物种子中夹带的杂草种子、病种及种子表面的病菌。如利用不同浓度的盐水或泥水将病种、杂草种子、瘪籽除掉,如大豆菟丝子种子就可用盐水漂浮从大豆中消除。

3. 热处理

利用蒸汽、热水、太阳能、烟火等的热度对土壤、种子、植物材料进行处理,可以防治病虫。如用一定温度的热水进行种子及苗木浸泡,可以杀灭病菌;阳光曝晒可以杀死粮食中的害虫;利用低温可以冻死仓库中的害虫;利用太阳能和地膜覆盖自然加温,夏日地温可升至50℃,可以选择性地杀死土壤中的病菌和害虫。

4. 捕杀

根据害虫的栖息地、活动习性等,利用人工器械进行捕杀。

5. 诱杀

利用害虫某种趋性如趋光性、趋化性进行诱杀。以及利用有关特性如潜藏、产卵选择性、越冬对环境的特定要求等,可以采用适当方法或器械加以诱杀。

(1)灯光诱杀。大部分夜间活动的昆虫都有趋光性,如多数蛾类、部分金龟子、蝼蛄、叶蝉、飞虱等,不同害虫对光色和光度有一定的要求。黑光灯能诱集到700多种昆虫,包括重要农业害虫50多种。用黄色灯光可减少柑橘园吸果夜蛾的危害。因此灯光诱杀已成为害虫测报和防治中普遍采用的一项措施。

（2）潜伏诱杀。有些害虫有趋化性，如蝼蛄趋马粪，小地老虎和黏虫趋糖醋酒，在这些害虫活动的田间设置诱捕器或诱捕场所，可以集中消灭害虫。

（3）植物诱杀。利用有些害虫取食、产卵等对植物的趋性可以诱杀害虫。如马铃薯瓢虫危害茄子，但特别喜欢取食马铃薯，在茄子地附近种少量马铃薯可以诱集这些害虫。

6. 利用放射能

防治害虫主要有两种作用：一是直接杀死害虫；二是利用放射能对害虫造成雄性不育。

（四）生物防治法

生物防治是利用有害生物的天敌和动植物产品或代谢物对有害生物进行调节、控制的一种技术方法。近二十多年来，由于病虫防治新技术的不断发展，如利用昆虫不育性（辐射不育、化学不育、遗传不育）及昆虫内外激素、噬菌体、内疗素和植物抗性等在病虫害防治方面的进展，从而扩大了生物防治的领域。

1. 作物虫害的生物防治

（1）以虫治虫。以虫治虫是有害生物防治中最早使用的技术。它主要是根据生态学原理，利用害虫的天敌昆虫通过寄生或捕食的方法进行害虫防治。其防治的主要途径有保护和利用本地自然天敌昆虫、人工繁殖和释放天敌昆虫，以及引进外来天敌等。

（2）以菌治虫。引起昆虫致病的微生物有细菌、真菌、病毒、立克次体、原生动物和线虫等。目前，国内外使用最广的是细菌、真菌和病毒，其中有些种类已成功地用于害虫的防治，获得了巨大的经济效益和良好的环境效益。

（3）其他动物治虫。鸟类是害虫的一大类天敌，如一只灰椋鸟每天能捕食180g～200g蝗虫；又如我国稻田蜘蛛资源十分丰富，约120多种，它们分布在稻株上、中、下三层，有布网的，有不结网过游猎生活的，捕食飞虱、叶蝉、螟虫、纵卷叶螟、稻苞虫等。此外，利用鸭子捕食稻田害虫，利用鸡啄食果园、茶园的害虫，保护青蛙、猫头鹰、蛇等，都可以有效地防治各种害虫。

2. 作物病害的生物防治

病害生物防治技术就是把自然状态下与病原微生物存在拮抗作用或竞争关系的极少量微生物，通过人工筛选培养、繁殖后，再用到作物上，增大拮抗菌的种群数量，或是将拮抗菌中起作用的有效成分分离出来，工业化大批量生产，作为农药使用，达到防治病害的目的。前者称微生物农药，后者为农药抗菌素。病害生物防治主要用于防治通过土壤传播的病害，用于防治叶部病害和收获后的病害。

（1）植物病害拮抗微生物。防治植物病害的微生物主要有细菌、真菌、放线菌、病毒等。

（2）农用抗菌素。抗生素是包括微生物、植物、动物在其生命活动过程中所产生的次级代谢物，能在低微浓度下有选择性地抑制或影响其他的生物机能。如井冈霉素、农抗120等。

3. 作物草害的生物防治

（1）以虫治草。在杂草生物防治种类中80年代以前，以昆虫防治杂草，是研究应用最早、最多、也是最受重视的一种。以虫治草最早取得成功的范例，是在澳大利亚草原上，利用仙人掌螟蛾防治恶性杂草仙人掌。

据统计，目前世界上已有100多种昆虫被成功地用于控制杂草的危害。这些成功的例子多集中在美国、澳大利亚、新西兰等移民国,主要是采用从杂草的起源地引入的昆虫防治外来杂草。那些起源于当地的杂草和昆虫由于长期的协同进化,二者在种群数量上多已达到了动态平衡,故以当地昆虫防治当地杂草不易取得成功。采用以虫治草时,所用的昆虫必须满足以下几个条件:①寄主专一性强,只伤害靶标杂草,对非靶标作物安全;②生态适应性强,能够适应引入地区的多种不良环境条件;③繁殖力高,释放后种群自然增长速度快;④对杂草防治效果高,可很快将杂草的群体水平控制在其生态经济危害水平上。

(2)微生物治草。利用寄生在杂草上的病原微生物,选择高度专一寄生的种类进行分离培养,再使用到该种杂草的防治上。目前已知的杂草病原微生物主要有真菌、病毒等40多种。

(3)以草食动物治草。人类以草食动物防治杂草的历史虽已悠久,但对其进行系统研究和大面积推广应用还是上世纪的事。在以草食动物治草的事例中,最成功的要属以鱼治草。因为以鱼治草,可治草与产鱼兼得,且操作方便,成本低。

据研究,许多食草的鱼类在一昼夜内可食下相当于其自身体重的水生杂草,利用鱼类的偏食性,还可在稻田放养鱼类,选择性地防治稻田杂草。

(4)以植物防治杂草。自然界中,植物间也存在着相生相克的关系,许多植物可通过其强大的竞争作用或通过向环境中释放某些具有杀草作用的化感作用物,来遏止杂草的生长。这方面我国已有悠久的应用历史。明代1502年付刻的《便民图纂》中记载道:"凡开垦荒田,烧去野草,犁过,先种芝麻一年,使草木之根败烂后,种谷,则无草之害,盖芝麻之于草木若锡之于五金,性相制之,务农者不可不知。"

生物防治在绿色食品生产中要优先使用。具体可以采取保护天敌的措施,使其发挥生物与生物相制约的作用。在不足以将某些害虫数量控制于经济危害水平以下时,通过人工繁殖,释放天敌。改善和加强本地的天敌组成,提高自然控制效能;另外还可以从外地引进天敌等。

(五)药剂防治

合理使用农药是绿色食品生产中病虫害及杂草防治的重要内容。科学、合理、有效、经济地使用农药,就是要达到既可有效地防治病虫杂草的危害,又符合绿色食品生产的标准。

1. 对症下药

作物病虫杂草的种类繁多,目前农药品种也越来越多,有害生物对农药的敏感性也各有差异。因此,必须熟悉防治对象,掌握不同农药的药效、剂型及其使用方法,做到对症下药,才能达到应有的防治效果。

2. 适时使用农药

任何病虫害在田间发生发展都有一定的规律性,根据病虫的消长规律,讲究防治策略,准确把握防治适期,准确选用适宜的农药,可以达到事半功倍的效果。在绿色食品生产基地,农业技术人员和农民都应掌握各种农药品种的作用、性质和施药时期等有关知识,并结合当地农田的实际情况适时进行防治。

3. 适量使用农药

掌握适宜的农药施用量是有效防治作物病虫害的重要环节。用药量过低,达不到防治目的;用药量过高,不仅增加生产成本,更重要的是污染环境,同时生产的食品达不到绿色食品的标准。因此,在绿色食品生产中,应严格按照各种农药的指定用量施用,不能随意增加。

4. 合理复配混用农药

科学合理地复配混用农药,可以提高防治效果,扩大防治对象,延缓有害生物的抗性,延长品种使用年限,降低防治成本,充分发挥现有农药制剂的作用。目前农药复配混用有两种方法:一种是农药厂把两种以上的农药原药混配加工,制成不同的制剂,实行商品化生产,投放市场;另一种是防治人员根据当时当地有害生物防治的实际需要,把两种以上的农药在防治现场,现用现混。但值得注意的是农药复配混用虽然可以产生很大的经济效益,但切不可任意组合。对此应抱有严肃的科学态度和严格的复配混用方法。

5. 轮换或交替使用农药

多年实践证明,在一个地区长期连续使用同一品种或同一类型农药,容易使有害生物产生抗药性,特别是一些菊酯类杀虫剂和内吸性杀菌剂,连续使用多年,防治效果大幅度下降。轮换使用作用机制不同的农药品种,既可延缓有害生物产生抗药性,充分发挥农药的药效,又能相应地减少由于抗性增强而不得不多施农药而造成的危害,有利于绿色食品的生产。对于某一种作物来说,有时在同一时期内需要使用几种药剂,合理混用可以起到兼治多种病虫和节省用工、降低成本的作用。

第五节 绿色食品其他生产管理措施

一、作物灌溉

(一)作物灌溉与绿色食品生产的关系

水是作物最重要的生存因子之一,用于构造作物体本身,消耗于光合作用、生理生化作用和蒸腾作用,是作物生长发育必不可少的因子。

作物所需水分主要来自土壤,为了获得绿色食品作物的丰收,就必须满足其生长发育过程中对水分的需求。而农田水分来源于天空降雨、地下水的补充及灌溉。灌溉是人为可以控制的调节土壤水分的必要农业措施。通过灌溉可以增加土壤的含水量,使土壤矿质营养元素溶解,促进作物根系对养分的吸收、体内各种营养物质运输和合成转化,使植株正常生长发育,以提高绿色食品的产量和品质;同时还可以调节作物生活环境,改善田间气候,减轻高温、干旱、冰冻霜害等自然灾害的影响,使灾年仍能获得较好的收成;利用灌溉技术还可控制杂草和病虫害的发生,并能起到改良土壤的作用。

灌溉水直接或间接地影响绿色食品生产的质量。农田中残留的农药、肥料及其他污染物、有害物质随水而转移,会再次对作物和环境造成污染。如果地下水和灌溉水的水质不能达到绿色食品的标准要求,其影响更为直接和明显。

(二)绿色食品生产灌溉制度确立的原则

1. 要保证绿色食品作物正常生长的需要

为了满足绿色食品作物生育需要,必须考虑到作物体内和土壤中的水分平衡。农田水分除供作物吸收外,还消耗于地表蒸发、渗漏及植物蒸腾。因此灌溉不仅要考虑作物的需水量,还要根据降水情况、土壤蒸发量及土壤保水能力来确定,这样才能满足绿色食品作物正常生育的需要。

2. 不得对绿色食品作物植株和环境造成污染或其他不良影响

为了保证绿色食品产品的质量,必须注意水质,含有大量重金属离子、有害的无机及有机化合物的水用于灌溉,会对作物和环境造成二次污染。因此,在选择绿色食品生产地块时,必须对水质进行监测。

此外,灌溉水中的泥沙和过多的含盐量也会给绿色食品生产带来不良影响。因此,近海和盐碱地的绿色食品种植业生产基地应注意灌溉用水及土壤水分中的含盐量,采取必要的措施消除其不良影响。

3. 应根据节水的原则,经济合理地利用水资源

水资源对于农业生产乃至人类生存都有重要的影响,在世界范围内,水资源不足具有普遍性。因此,在绿色食品生产中必须树立节水的观念,科学用水,适时适量地对作物进行灌溉,充分发挥水资源的作用。

4. 要同时抓好灌溉和排水系统的建立

水分是作物生长的必需条件,但土壤中水分过多会影响土壤透气性,长期含水过多还会破坏土壤结构,降低土壤肥力,甚至还会导致土壤盐渍化和沼泽化,从而影响绿色食品作物的生长。农田水分过多还影响农事活动的正常进行及其质量,尤其会严重影响机械作业。所以,在土壤含水量大时,还要进行排水除涝等工作。

(三)灌溉措施及技术对绿色食品生产的影响

1. 对水加强监测,并采取防污保护措施

绿色食品生产地必须按绿色食品农田灌溉水水质标准进行监测,并注意保护水质。特别是使用河流、湖泊水作为灌溉水源的地区和单位要经常监测上游或本地段有可能造成水质污染的污染源排放情况。绿色食品产地要避免使用污水灌溉,有污水过境的地域应划设隔渗地区,并加强对产地水源的水质监控。

2. 总结和运用节水的耕作措施,吸收先进的灌溉技术

目前世界上开发的水源中 70% ~ 80% 用于农业灌溉,但农田灌溉水的利用率较低,发达国家一般在 50% 左右,许多发展中国家仅为 25%,充分合理利用有限的水资源,在短缺水的干旱、半干旱地区获得高产是当今世界农业关注的问题,也是绿色食品生产要认真对待的问题。

二、作物地界限定与景观维护

(一)绿色食品中的平行生产

农业生产必须在特定土地地块上进行,生产和贮藏地点必须清楚地与其他产品的生产加工区域分开。加工和包装车间可以是原生产场所的一部分,但只能加工和包装一种绿色农产品,即对绿色食品加工中的操作要有明显的隔离。但在实际的生产过程中,经常有这样的情况出现,一个生产者或加工者同时进行着绿色食品和普通食品的生产或加工,这即是上述提到的平行生产。由于绿色食品生产过程中生产资料(种子、化肥、农药等)和耕作措施容易混杂,在生产过程中对平行生产就有较为严格的管理措施和要求。

在实际的生产加工过程中,平行生产可被归纳为如下三种情况:

（1）生产者同时拥有多个生产单元,在这几个生产单元里种植的是生产类型相同,但品质不同的作物。

（2）加工者在同一单元内对不同品质的绿色农产品进行加工。

（3）生产者同时进行相同品种不同品质的绿色农作物的生产。

在绿色农作物的播种、施肥、喷药、收获、贮藏过程中均容易发生混杂的问题,这就要求我们采取严格的管理程序和有效的管理措施或手段来防止这些失误的发生。

（二）绿色食品与其他食品生产的隔离

为了保证绿色食品的产品品质和质量,绿色食品与其他食品必须进行隔离生产。在隔离时应注意以下几个方面:

1. 距离

绿色食品的生产与其他常规食品的生产所使用的土地或地块之间应保持一定的距离,目的是保证绿色食品生产基地的环境满足绿色食品生产的要求,不受普通生产的污染和影响,比如不受水和空气迁移污染物的影响等。

2. 屏障隔离

绿色食品与常规普通食品的生产之间应充分利用各种屏障进行隔离,包括地形措施、工程措施及生物措施等。常见的地形措施有充分利用山峰、河流和野生植被等隔离;起垄、建篱笆是常采用的一些工程隔离措施;另外还可以采用有效生物防护措施,促使小气候事宜作物栽植生产的条件,如防风林、风障、覆盖、耕翻等。

3. 明确标记

在绿色食品生产基地每个非直线变化处都应有明确的标记,以便于常规生产相互区别,以免产生混淆。

三、作物产品收获

（一）作物收获与绿色食品生产

作物收获是绿色食品作物生产中的最后一个环节。若采收不当会直接影响作物的贮藏、保鲜和深加工的质量,并且此时防治作物污染、浪费,节约的成本可见直接效益。因此应集中精力,组织力量,搞好绿色食品作物的采收工作。

（二）作物收获的基本原则

在绿色食品作物收获过程中应遵循以下基本原则:

1. 防止污染

目的是防治对产品和环境造成污染。比如与作物直接接触的工具不能对作物产品的理化性质产生影响,若采用机械收割,则保证机械对生产基地的环境和产品不造成污染,更不能有污染物的渗漏事故发生。产品采收后的晾晒和贮运也应该遵循同样的原则,尽量使用人工。

2. 确定最佳采收日期

确定最佳采收日期是保证绿色食品作物质量的重要原则,主要根据绿色食品作物的品种种类、特性、产品的成熟度、贮藏时间长短和各地的气候条件等方面综合确定。

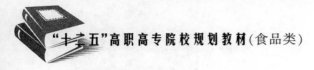

3. 减少浪费,节约成本

在采收过程中尽量防止损伤、遗漏,要严格遵守相关的采收操作规程。

4. 分批收获

不同品种、不同品质的作物分期、分批进行收获,可以保证绿色食品作物的质量。

同期收获的绿色食品作物应加强管理,防止混杂影响等级评定。

(三)作物收获时有关的技术及措施

不同作物品种、不同类型的作物具体收获时采用的技术及措施有所不同,但也有共性。

1. 确定具体的采收日期

在确定最佳的采收日期后,还应限定合理的采收时段。在采收过程中,将劳动力、运输设备与采收任务进行合理匹配后,确定采收的具体日期,并使产品的大部分处于最佳时期。

2. 具体采收技术及措施

作物采收时不仅要掌握好采收成熟度,还要注意采收时的天气状况。

在采收过程中要做到单收、单运、单放、单脱粒、单贮运,使损失率和质量降低率减到最低限。

机械化收割要保证机器设备无污染并具专一性和及时高效性。

采收后的作物要及时晾晒,水分与杂质要达到国家贮运的标准要求。

 思 考 题

1. 在绿色食品种植业生产中选育和应用品种时要遵循哪些要求和原则?
2. 简述作物轮作制度中的主要技术要点。
3. 分别简述有害生物防治的主要措施有哪些。
4. 在绿色食品生产过程中,举例说明主要的隔离措施有哪些。

第四章 养殖业绿色食品生产技术

畜禽、水产品是绿色食品的重要组成部分,养殖业绿色食品生产有着严格的规定和要求。本章将重点介绍绿色食品动物生产的基本原则、绿色食品畜禽生产技术、绿色食品水产养殖技术。只有生产质量符合市场需求的产品才能较好地实现其价值。生产者、经营者才能获得较好地效益。因此,开发生产无污染的安全、优质、营养的畜禽、水产品即"绿色畜禽、水产品"是增强我国畜禽、水产品国际竞争能力,开拓国内、国际市场的必然要求。

第一节 绿色食品动物生产的基本原则

畜禽、水产品是绿色食品的重要组成部分,是人类脂肪、蛋白质等营养物质的主要来源,是人们日常生活的必需品。随着饲料工业和养殖业规模经营的快速发展,养殖业动物产品在满足人们需要的同时,也带来了许多食品安全问题。而随着人们生活水平的提高,人们对肉制品的安全卫生也越来越重视。所以,大力发展绿色食品畜禽、水产品生产不但可以满足城乡广大人民群众的生活需要,而且是养殖业绿色生产可持续发展的需要,同时也是参与市场竞争的迫切需要。目前,部分地区的畜禽和水产品总量已基本接近饱和状态,但是由于产品的质量不高,在国际市场的竞争能力相对较弱。目前,我国已加入世界贸易组织,只有生产优质的绿色产品,才能参与国际市场的大环境竞争。在绿色食品动物生产过程中应遵循以下几个原则:

一、改善养殖场的生态条件

按照《绿色食品 动物卫生准则》的规定,必须给动物的生长提供良好的生态条件,以保证动物的健康和环境卫生,从而保证动物及其产品对人体无害。

二、选择优良动物品种

绿色食品动物品种除了有较快的生长速度外,还应考虑对疾病的抵抗能力。所以,应根据当地的自然环境条件选择适当的动物品种。例如,在寒冷的北方地区开发饲养绿色食品奶牛,就要选择抗寒、放牧型的品种。我国有许多优良的地方品种,如淮南黑猪、麻黄鸡、秦川牛等,这些优良品种具有抗病潜力大、消化绿色饲料能力强等优点。充分利用这些抗逆性强的遗传基因,可防治疾病,减少使用药物的机会。水产养殖过程中为了避免近亲繁殖,造成品种退化等问题,应尽量选用大江、大湖、大海的天然苗种作为养殖对象。

三、饲喂绿色全价的配合饲料

应加强饲料管理,严格按照饲养标准调制配合饲料。做到营养全面,各营养素间相互平衡。

所使用的饲料和饲料添加剂等生产资料必须符合饲料卫生标准、饲料标签标准、各种饲料原料标准、饲料产品标准和饲料添加剂标准的有关规定。所用饲料添加剂和添加剂预混饲料必须来源于有生产许可证的企业,并且具有相应的产品标准、产品批准文号、进口饲料和饲料添加剂产品登记证及配套的质量检验手段。在使用饲料原料时要做到使用绿色食品及其副产品,禁止使用以哺乳类动物为原料的动物性饲料产品饲喂反刍动物,禁止使用工业合成油脂和畜禽粪便,禁止使用药物性饲料添加剂。

四、加强管理,增强动物自身的抗病力

日常管理要保持安静、轻松,尽量避免粗暴行为,减少蚊蝇侵扰、灰尘、浓烟和不必要的噪声,从而达到增强动物自身抵抗力的目的。应严格按照《中华人民共和国动物防疫法》的规定防止动物发病和死亡,力争不用或少用药物。动物疾病坚持"预防为主"的原则,建立严格的生物安全体系。必要时进行预防、治疗和诊断疾病时所用的兽药必须符合《绿色食品 兽药使用准则》的规定。

五、重视屠宰加工环节,避免污染

在屠宰前一定要进行严格的检验检疫,屠宰中、屠宰后要严格按照绿色食品生产规程的要求进行操作。在加工过程中,要注重产品质量,尽量减少添加剂的应用,保证相关制品符合绿色食品的要求。

六、抓好流通环节,确保消费者的健康安全

流通环节是绿色食品生产的最后一个环节。因此运输、贮存、销售等流通环节对保证绿色食品的质量也非常重要。要严格按照产品的品质、性能等质量要求,采取相应的保护措施,确保绿色食品安全到达消费者手中。

第二节 绿色食品畜禽产品生产技术

为了保证畜禽产品有较高的质量,没有化学农药、激素、抗生素等危害人体健康的物质残留,要严格按照畜禽生物学和动物生态学的原理及绿色食品生产操作规程的有关要求进行管理和生产。

一、选择优良品种

选择绿色食品畜禽品种除了要有较快的生长速度外,还应考虑对疾病的抵抗能力,尽量选择适应当地生产条件的优良畜禽品种。畜禽品种的购入要经过检验检疫和消毒等预防措施。

二、选择好养殖场地

产地环境质量对生产绿色畜禽有直接的影响,产地污染因素通过对原料的影响进而对产品产生"富集"的作用。畜禽养殖场要选择远离工厂、企业和人员流动频繁的地方,应建在空气清新、水质优良、土壤未被污染的良好生态环境地区。要通过监测,确保饲养畜禽区域的大气、水质、土壤中有害物质低于国家的限量。养殖场建设应按动物防疫等有关规定进行,场内生产区和生活区要隔离分开,畜禽饮水、消毒等配套设施符合标准,同时加大圈舍温度、湿度调控设施的改善。

三、提供绿色全价的配合饲料

选用符合绿色食品标准的饲料原料,特别是选择可提供维生素、矿物质、色素、多糖或其他提高动物免疫力的活性成分的牧草和其他天然植物。可优先建立绿色饲草饲料原料基地,在保护好现有草原的同时,开发饲草饲料基地。要选择畜禽适宜的饲草饲料品种,加强饲草饲料原料基地的管理。对饲料的施肥、灌溉、病虫害防治、贮存等管理必须符合绿色食品生态环境标准的规定和要求,实行土地集中连片种植,统一田间管理,采用生物防虫基数,长期稳定地保证高质量的饲草饲料原料的供应,确保原料质量。饲草饲料原料除满足感官标准和常规的检验标准外,其农药及铅、汞、铜、钼、氟等有毒有害元素和包括工业"三废"污染在内的残留量也要控制在限定范围内。

使用高质量的饲草饲料原料,筛选优化饲料配方,应用理想的蛋白质,添加必需的限制性氨基酸,根据不同的畜禽种类和不同的生长阶段,科学合理地配制畜禽饲料。

要严格执行国家有关饲料、兽药管理的规定,严禁在饲料中使用国家和国际卫生组织禁止使用的任何药物,可遵循有效、限量、降低成本的原则,科学合理地选用绿色环保、无公害的饲料添加剂。例如甜菜碱、蛋氨酸部分替代无机物;氨基酸螯合物替代常量矿物质;益生素与低聚寡糖类的协同作用替代抗生素等。在畜禽养殖中应用饲用酶制剂既能提高饲料的消化率、利用率和畜禽的生产性能,又能减少畜禽排泄物中氮、磷的排泄量,保护水体和土壤免受污染,因而饲用酶制剂作为一类高效、无毒副作用和环保型的绿色饲料添加剂,在 21 世纪有十分广阔的发展前景。

在绿色饲料形成商业化系列饲料的同时,应在技术人员的帮助下,从具有良好信誉的饲料生产厂家购进畜禽生长所需的浓缩料、全价料以及蛋白料。要通过权威部门的绿色安全检测,确保无激素和其他有毒有害物质,确保畜禽生长期不受其侵害。各类谷物类原料如玉米、大豆、豆粕等要从具有良好种植习惯、用药残留小的绿色农产品生产基地购进。

四、保证畜禽用水质量

畜禽用水水质必须符合《生活饮用水卫生标准》(GB 5749—2006)。除保证水源质量外,还要对畜禽的饮用水定期进行监测,主要控制铅、砷、氟、铬等重金属及致病性微生物等指标,从而保证畜禽用水的质量安全,对牲畜提倡使用乳头饮水器饮水。

五、加强畜禽养殖管理

畜禽的饲养管理是绿色畜禽生产的重要环节,因此要采取以下主要措施,提高畜禽及产品质量。

(一)坚持自繁自养

坚持自繁自养,不随便从外地引种,采取整进整出的饲养模式,可减少疫病传入。

(二)提供良好的生长发育环境

提供良好的生长发育环境,不仅可以使畜禽健康成长,而且可以间接地提高畜禽产品的品质。畜禽圈舍的温度要保持在适宜温度范围内,冬暖夏凉。畜禽圈舍内要保持干燥,舍内相对湿度以 50%~70% 为宜,最高不超过 75%。舍内应保持一定的气流速度和一定强度的光照,还要及时排除有害气体,保持舍内的空气新鲜。

(三)合理饲喂

绿色畜禽采用限量的采食方式,根据具体情况每日饲喂 3~4 次,防止畜禽过度采食引起痢下。每天都要保证畜禽充足饮水。绿色饲料的保存要做到"四防",即防潮、防霉、防鼠、防污染。

采用阶段饲喂法,掌握不同阶段的饲养管理技术,每一种类饲料都可分为仔畜料、中畜料和大畜料。应根据牲畜日龄的变化,及时更换不同阶段的饲料,以满足畜禽不同生长阶段的营养需求。

(四)对粪便进行无害化处理,保护生态环境

畜禽粪便中含有大量的氮、磷、有机悬浮物及致病菌,如果不妥善处理和利用,会对水质、空气、土壤造成严重的污染,甚至会引起疾病的蔓延和传播,给畜牧生产和人类健康带来威胁。饲养户每天必须打扫卫生,必须建适合饲养规模的防渗贮粪池,每千克粪、尿加 2g~5g 漂白粉后,贮于池中,待腐熟后运送到田里作为肥料使用。

六、做好畜禽疫病防治工作

畜禽的疫病防治是养好绿色畜禽的关键环节。因此,必须采取综合措施,保证畜禽的健康安全。

(一)建立完善的疫病防治体系

必须重视现有的疫病,了解本地疫病发生的规律,建立由农户、签约兽医、企业技术部兽医技术人员、乡镇畜牧兽医站兽医和县检疫部门组成的疫病防治体系。

(二)采取综合型防疫措施

根据国务院《家畜家禽防疫条例》的有关规定,坚持以防为主的总原则,认真做好卫生防疫、定期消毒和疫苗免疫。综合型防疫措施的核心是疫苗免疫,建立适合当地的疫苗免疫制度和疫苗免疫程序,并认真执行。药物预防应尽可能采用中草药、生物制品、矿物性药物,以增强畜禽自身免疫力为目的,严格控制抗生素、激素及有害化学药品的使用。

(三)定期进行圈舍内外环境和用具消毒

选择高效低毒的消毒剂,每周对圈舍环境消毒一次,用具消毒两次。对产仔的母畜和产房更要注意消毒。

(四)对于发病的畜禽尽可能执行绿色治疗方案

对发病的畜禽首先选择绿色食品生产资料的兽药和中成药,慎重选择抗生素治疗,要严格按照国家规定的药物使用范围和剂量标准使用抗生素,不能超量使用。如果绿色治疗效果不佳,为了保护农户的利益可以采用普通治疗,但康复出栏的畜禽,只能作为普通畜禽处理。

七、规范畜禽屠宰加工

畜禽屠宰加工、检疫、检验必须符合绿色食品的质量和卫生标准。屠宰前要进行检疫,严格剔除患病的畜禽,合格的畜禽必须在绿色食品定点屠宰场屠宰,屠宰中、屠宰后要严格按照绿色食品生产规程要求进行。尽可能使用单独生产线,暂时不具备条件的必须采取分批屠宰的方式,确保不发生交叉感染。为了提高经济效益,许多企业对畜禽产品进行分割,按照分割部位进行定量包装,这个过程最容易造成污染,因此一定要按市场要求进行严格分级、清洗、消毒、包装,防止宰后污染。严格对宰后畜禽产品进行检疫、检测,杜绝有毒有害畜禽产品上市、进行商标注册和标牌销售,保护生产者和消费者的共同利益。

对绿色畜禽产品依法实行标志管理。绿色畜禽产品外包装必须符合国家食品标签通用标准,符合绿色食品特定的包装和标签规定,外包装宜选用纸箱,采取箱内分隔和可降解泡沫塑料盒、袋进行内包装。

八、确保产品贮运及销售安全

要保证畜禽产品贮运及销售环节的安全也必须符合绿色食品卫生标准的要求。畜产品贮藏期间,宜采用机械物理方法如冷风库、地窖等方法,或选用无毒无害的天然制剂保证畜禽产品品质。运输过程中牢固安装并控制温湿度,做好低温保鲜等措施,加强卫生管理,使用消毒防腐剂时,避免使用毒性大的化学药剂、防腐剂、杀虫剂、保鲜剂等,防止在运输过程中使畜禽产品变质、污染和互相混杂,有条件的最好进行辐射处理,尽量减少化学物质在保鲜、防腐过程中的使用,做到安全贮运。搞好绿色畜禽产品的销售环境卫生,配备必要的卫生设施,如灭蝇设施、紫外线消毒灯和冷藏设备等。

第三节　绿色食品水产品养殖技术

一、选择适宜的养殖区域

我国虽然有辽阔的水产养殖区域,但由于近几年工农业的迅速发展,部分区域受到不同程度的污染,已经不适合绿色食品水产品的生产。所以,在进行绿色食品水产品生产时,一定要选择水源充足的区域,水质要符合国家标准《渔业水域水质标准》的要求,水温适宜;养殖场附近无污染源(工业污染、生活污染等),养殖区生态环境良好,符合绿色食品产地环境质量标准的要求;交通方便,有利于水产品苗种、饲料、成品的运输;海水养殖区应选择潮流畅通、潮差大、盐度相对稳定的区域。注意不得靠近河口,以防洪水期淡水冲击,盐度大幅度下降,导致鱼虾淡死,以及工农业废弃污染物进入养殖区,造成污染。

二、配备良好的养殖设施

池塘的形状以长方形为最佳,长宽比以2:1或5:3为宜。池边没有高大的树木或建筑物。池子方向一般以南北向为佳,既可减少池塘埂受风浪冲击的面积,同时又可增加池水受风面积,有利于池水的增氧。池底形状以"倾斜型"或"龟背型"(中间高、四周低并向出水端倾斜)为理想。池塘的土质以壤土为佳,黏土次之。池塘的进水系统、排水系统要完善,通常采用沟

73

渠的方式。进水口和出水口的距离尽量远。各个池塘的进水沟渠、排水沟渠要独立设置,不得从相邻池塘进水或将水排入相邻池塘。有条件的可独立配备蓄水池。池塘应具备防漏、防逃、过滤等措施。

三、做好养殖前的准备工作

(一)池塘修整

苗种放养前,清除过多的池底淤泥(池底淤泥厚度一般保持 10cm～20cm),修整塌方和渗漏的池埂。

(二)消毒除害

苗种放养前 10d～75d,每公顷用生石灰 1125kg～1500kg 或含氯量 30% 以上漂白粉 60kg～75kg,全池泼洒,清除不利于水产苗种养殖的敌害生物、致病生物及携带病原的中间寄主。消毒药物还可选用其他含氯消毒剂、氧化剂等,但必须严格按使用说明书应用。严禁使用残留期长、对人畜有毒有害的药品。

四、选育适宜的养殖品种

绿色食品水产品除要选择高产、高效益的品种外,还应考虑其本身对病害的抵抗能力,尽量选择适应当地生态条件的优良品种。养殖水产品的苗种、亲本(或后备亲本)必须体格健壮,无疫病。绿色食品水产养殖人工育苗应注意以下问题:

(一)亲本培育

亲本池应建在水源良好、排灌方便、无旱涝之忧、阳光充足、环境安静、不受人为干扰的区域。亲本放养密度、雌雄比例要合理,根据养殖对象的生物学特性,投喂适口饵料和营养全面的配合饲料。创造适合养殖对象繁殖所需的生态环境,尽可能使其自行产卵、孵化。

(二)人工催产受精

人工催产受精是给成熟的亲本注射催产药物,人为控制亲本发情产卵受精的一种生产方式。常用的催产药物有促黄体激素释放激素类似物(LRH－A),脑垂体抽提液或绒毛膜促性腺激素(HCG),这些激素是 AA 级绿色食品生产中禁止人工催产受精使用的,在 A 级绿色食品生产中仅限于繁殖苗种,但注射过催产药物的亲本不能作为绿色食品食用水产品出售。

(三)杂交育种

利用不同品种或地方种群之间的差异进行杂交,其子一代生长性能通常好于亲本。但必须养殖于人工完全控制的水浴中,其成体只供食用,不可留种。

五、加强饲养管理

(一)放养早苗

放养早苗可增加养殖时间,有利于避开发病时期,是争取高产的措施之一。长江流域一般在春节前放养完毕,最迟应在二月底完成。放养应选择晴暖天气中午前后进行,不在严寒、风雪天气进行,以免鱼种在放养和运输过程中冻伤。

(二)保持合理的放养密度

放养密度要符合养殖水体所能承受的生产能力,维护养殖池的生态平衡。各养殖区应根据当地的自然环境条件、水体交换条件、养殖品种、苗种规格、养殖方式等不同情况,采取不同的放养密度,以达到最佳的经济效益。

(三)保持良好的水质条件

良好的水质可起到稳定和维持养殖池生态平衡的作用。水质要保持"肥、活、嫩、爽"。"肥"表示水体中浮游生物多;"活"表示水色经常变化,每天早、中、晚水色不同,表明水中养殖生物容易消化的鞭毛藻类多;"嫩"指水色呈黄绿色或油绿色、黄褐色等;"爽"是指保持透明度30cm～40cm,水中溶解氧丰富。保持良好的水质条件可采取以下措施:

1. 及时加注新水

加水是保持水质稳定的必不可少的有效措施之一。经常加注新水,可增加池水深度,增大养殖生物的活动空间;增加池水的透明度,加大浮游植物光合作用的水层;降低蓝、绿藻分泌的抗生素,有利于养殖生物容易消化的藻类生长繁殖;直接增加水体中的溶解氧。

在高温季节,加水时间应在晴天的下午三点之前进行。除紧急情况外,严禁在阴雨天或傍晚加水。

2. 恰当施肥

施肥是提高水体生产力的重要技术手段。养殖水体施用肥料能培养浮游植物、腐生型细菌,然后通过食物链满足各种食性养殖种类的饵料需要。施用有机肥时,肥料的一部分能以腐屑或菌团的形式直接为养殖动物利用。施肥还能改善养殖生物的环境条件,促进水域中的物质循环。

但施肥不当(或过量)又会造成水体的水质恶化并污染环境,造成天然水体的富营养化。施肥主要用于池塘养殖,肥料的种类包括有机肥和无机肥。允许使用的肥料可参照DB31/T 254.2—2000《安全卫生优质养殖水产品标准》使用。

3. 合理使用增氧机

合理使用增氧机可有效改善水质、防治浮头、提高产量。

增氧机的开机时间和运转时间的长短,应结合当地当时的天气、水温、池塘条件(大小和深度)、投饵施肥量、机器的功率等灵活掌握。开机时间可采取"晴天中午开、阴天清晨开、连绵阴雨半夜开、傍晚不开、浮头早开、生长旺季天天开"的原则;运转时间可采取"中午短、半夜长;(天气)凉爽短、闷热长;负荷大开机时间长、负荷小开机时间短"的策略。

4. 合理使用水质改良剂

绿色水产养殖中的水质改良,可使用生石灰。定期向养殖水体中泼洒生石灰,不但可以防止养殖过程中生物病害的发生,还可以提高水体的硬度,提供养殖生物所需要的钙元素。泼洒时,要选择没有风化的生石灰,还要注意生石灰的用量、使用时间和使用次数。泼洒生石灰和池塘施肥不能同时进行,时间间隔一般为5d左右。当水体的pH大于8.0时,最好不要使用生石灰,否则会造成水体的pH过高,从而对养殖生物有害。

还可利用有益微生物控制和改善水体。目前应用最广泛的是光合细菌,它具有特殊的新陈代谢和化学组成,在水体物质循环和能量循环中起着重要的作用。红螺菌科的光合细菌无论在有光照还是无光照、有氧还是无氧的条件下都能通过其自身的新陈代谢,吸收和消耗水体中的大量有机物、氨、氮、亚硝酸盐、氮和硫化物等对养殖生物有害的物质,从而使水体得到净化。同类产品还有硝化细菌、放线菌、芽孢杆菌、双歧杆菌和酵母菌等,它们在水产养殖中的应用都具有明显的效果。

(四)科学饲喂

1.选择优质饲料

无论使用单一饲料或配合饲料,其质量均应符合国家饲料卫生标准的要求,不得使用霉变、受农药或其他有害物质污染或变质的饲料。在饲料中添加的矿物质、维生素和油脂,其质量应符合国家的有关规定。添加量应符合行业或地方标准规定的限定值或推荐值。为防止疾病、促进养殖生物生长而选用抗生素类及其他药物作为饲料添加剂时,其原药质量应符合国家标准,不得选用国家禁止使用的药物(见表4－1)。饲料生产企业所选用的饲料药物添加剂,必须是已取得生产批准文号的正式产品,其品种参照农业部公布的目录。

表4－1　国家规定禁止使用的药物

类　别	禁止使用的药物
第一类	影响生殖的激素(性激素、促性腺激素及同化激素)
第二类	具有雌激素样作用的物质(如玉米赤霉醇等)
第三类	催眠镇静剂(如安定、安眠酮等)
第四类	肾上腺类药(如异丙肾上腺素、多巴胺等)

2.科学、合理地投喂饲料

投喂饲料时要做到定质、定量、定时、定位。要保证饲料的质量,不得投喂腐败变质的饲料,当天吃剩的残料要及时捞出,以免在水中腐败变质影响水质。根据计划投喂量以及水色、天气、摄食等情况适量、均匀地投喂。水色呈黄褐色或黄绿色、油绿色时可正常投喂,当水色变黑、变灰或过浓转黑时,应减少投喂量,并及时加注新水。天气晴朗时可多投,阴雨天要少投,天气闷热、雷阵雨前停止投喂。如果投料后很快被吃完,应增加投料量,如果投料后长时间没有吃完,则应减少投喂量。应在水中溶解氧高的时候投喂饲料,以利于摄食和消化吸收。饲料投喂到鱼虾经常活动的位置,最好投放在食台上。

(五)做好疾病的防治工作

因为养殖生物生活在水中,疾病既不容易被发现,又不容易治疗。因此,应该以预防为主,坚持“防重于治,防治结合”的原则。防治工作主要从以下几个方面着手:

1.改善生态环境

设计和建筑养殖场时应符合防病要求,应综合考虑地质、水文、水质、气象、生物及社会条件等多方面因素。对已经建成的养殖场可采用理化(清淤泥、撒石灰、调 pH、加注新水或换水、开启增氧机、使用水质改良剂等)和生物(光合细菌、动植物混养等)等方法改善生态环境。要对养殖用水进行定期监测,包括水温、盐度、酸碱度、溶解氧、透明度、化学耗氧量、有害生物病原体等,发现问题及时采取防范和改善措施。

2. 增强机体抗病力

可通过加强和改进饲养管理,采取人工免疫、培育抗病力强的新品种等手段来增强养殖对象的机体抗病力。

3. 控制和消灭病原体

通过采用彻底清塘、机体消毒、饲料消毒、工具消毒、食场消毒、疾病流行季节前的药物预防、消灭陆生终末寄生及带有病原体的陆生动物、消灭池中中间寄主等措施,控制和消灭病原体。

4. 建立检疫制度

强化疾病检验检疫,建立隔离制度,切断传播途径,控制疾病发生。

5. 规范用药

绿色食品水产品养殖疾病防治用药应严格遵循《生产绿色食品的水产品养殖用药使用准则》,禁止使用对人体和环境有害的化学物质、激素、抗生素,如孔雀石绿、砷制剂、汞制剂、有机杀虫剂、有机氯杀虫剂、氯霉素、青霉素、四环素等。提倡使用中草药及其制剂、矿物源渔药、动物源药物及其提取物、疫苗及活体微生物制剂。

渔药推荐目录及使用方法具体见表4-2,环境改良与消毒药见表4-3。

表4-2　渔药推荐目录及使用方法

名称	主要用途	主要用法	停药期/d	备注
四环素	防治鱼类肠炎、赤皮和烂鳃等细菌性疾病以及鳗鲡爱德华氏菌病、赤鳍病、红点病等	口服75mg~100mg,连用10d~14d	3d(鱼);3d~10d(幼白虾,25℃,随给药量不同而不同);60d~90d(虹鳟,随温度不同而不同)	Al^{3+}、Mg^{2+}离子影响吸收,勿与青霉素混用
土霉素	防治鱼类肠炎、赤皮和烂鳃等细菌性疾病以及鳗鲡爱德华氏菌病、赤鳍病、红点病等。此外,对鳗鲡烂尾病、对虾弧菌病亦有一定效果	口服5mg~75mg;浸浴25mg/L	7d(鳗鲡);虾、虹鳟同四环素	
金霉素	防治鱼类白皮病、白头白嘴病、打印病、弧菌病、鳗赤鳍病等	口服10mg~20mg,连用3d~5d;浸浴10mg/L~20mg/L,0.5h~1h	3d(鱼);3d~10d(幼白虾,25℃,随给药量不同而不同);60d~90d(虹鳟,随温度不同而不同)	勿与碱性及含钙、镁、铝、铁、铋的药物及含钙量高的饲料混用
甲砜霉素	治疗类、结节症等	口服20mg,连用5d	3d	该药体内抗菌效果比氯霉素好,并可克服再生障碍性贫血

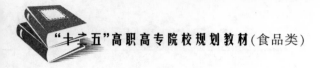

续表

名称	主要用途	主要用法	停药期/d	备注
恶喹酸	对疖疮病、弧菌病、类结节症以及鳗赤鳍病、红点病有较好防治效果	口服 5mg～30mg,连用 5d～7d	2d	该药毒性低,已成为水产专用药
磺胺甲基异恶唑	防治由嗜水气单胞菌、爱德华氏菌等引起的水产动物疾病	口服 100mg～200mg,连用 5d～7d	2d	该药为中效磺胺 TMP 与之合用可提高药效。但不能与酸性药物(如维生素 C 等)同时使用
甲氧苄氧嘧啶	对磺胺类药物与多种抗生素具增效作用	与磺胺类药物以 1:5 配伍,口服 5mg～10mg	3d	该药单独使用极易使细菌产生耐药性;该药与四环素、庆大霉素合用有明显的增效作用
呋喃唑酮	防治鱼类肠炎病、烂鳃病、赤皮病、打印病、爱德华氏菌病等细菌性鱼病,以及虾的黑鳃病、六鞭毛虫病等	口服 10mg～60mg,连续 3d～7d;遍洒 1mg/L～5mg/L	20d(虹鳟,按 35mg/kg 给药)	长期、高剂量使用该药有"三致"作用;该药外用时与福尔马林合用可起到助溶与增强疗效的作用,用法为 1:1
聚维酮碘	抗病毒制剂,此外对大部分细菌、真菌以及艾美虫与嗜子宫线虫等有不同程度的驱杀作用	浸浴 30mg/L～50mg/L,15min～20min(稚幼鱼),或含有效碘 1% 溶液 1h～2h(鱼卵);口服 240mg(碘片)或 0.6mL(4% 碘液)拌饲料连用 4d(防治艾美虫或球虫)		该药对胃、肠道粘膜有毒性
硫酸铜	杀灭寄生原虫及水体中的蓝藻与丝状绿藻类	遍洒 0.7mg/L;浸浴 8mg/L,15min～30min		该药药效与水温成正比,与水中有机质含量、溶氧、盐度、pH 成反比;该药常与硫酸亚铁合用,比例为 5:2
硫酸亚铁	作为辅药与硫酸铜、敌百虫等合用,杀灭寄生原虫、中华鳋等	遍洒 0.2mg/L		需密封保存,避免氧化;不宜与碳酸氢钠、磷酸盐及含鞣质的药物混用

续表

名称	主要用途	主要用法	停药期/d	备注
硫酸锌	治疗由固着类纤毛虫所引起的鱼病,此外还有收敛与抗菌作用	遍洒 0.3mg/L,浸浴 200mg/L,1h		
敌百虫	用于防治吸虫、蠕虫及甲壳类引起的鱼病,此外还可杀灭剑水蚤、水蜈蚣等	遍洒 0.2mg/L ~ 0.5mg/L;口服 0.2g ~ 0.5g,连续 6d(驱线虫),或按饲料 10% 添加(驱绦虫),连续 3d ~ 6d	5d(鲤)	该药除可与面碱合用(比例1:0.6)外,不能与其他碱性物质配伍
硫双二氯酚	驱除寄生于鱼类鳃或体表的吸虫及体内的绦虫	口服 2g ~ 3g(驱绦虫用 5g),连续 2d ~ 5d		

表4-3 环境改良与消毒药

名称	主要用途	主要用法	备注
甲醛	对病毒、细菌、真菌、寄生虫均有较强的杀灭作用,常作消毒用	遍洒 20mg/L ~ 30mg/L(鳗),15mg/L ~ 20mg/L(罗非鱼);浸浴 166mg/L 60min	使用该药应在水温 18℃ 以上;长期、大剂量使用该药会导致水质变坏,影响养殖动物的摄食
氯化钠	作为消毒剂,有杀菌与杀虫的作用	遍洒,一般 400mg/L;浸浴 1% ~ 3%,5min ~ 20min(淡水鱼),或 3% ~ 10%,3min ~ 5min(蟹),或 10%,10min ~ 20min(蛙)	不同的养殖动物对该药的耐受力有较大区别,使用时要注意浓度
三氯异氰尿素	杀菌、消毒,对芽孢、病毒、真菌孢子等有较强的杀灭作用;此外还有灭藻、除臭与净化水质的作用	遍洒 0.3mg/L ~ 0.5mg/L	该药不能与酸、碱类药物同时使用
二氧化氯	主要用于鱼池水体消毒,可杀死细菌、芽孢、病毒、原虫及藻类等	遍洒 0.2mg/L ~ 2.0mg/L	该药需与活化剂(酸类)作用 0.5h 后使用;遍洒时应贴水面泼洒
高锰酸钾	杀菌、消毒、防腐、除臭,此外还有杀虫作用	遍洒 2mg/L ~ 3mg/L;浸浴 20mg/L15min ~ 20min	该药药效与水温及池水有机质含量密切相关
乙二胺四乙酸二钠	改良水质,预防重金属污染	遍洒 5mg/L ~ 10mg/L	
过氧化钙	改良环境,消毒、杀菌、抑藻	遍洒 15mg/L ~ 20mg/L	忌与酸、碱混合使用
生石灰	改良水质与消毒	清塘 75mg/L ~ 400mg/L;遍洒 15mg/L ~ 20mg/L(蟹),25mg/L ~ 30mg/L(鱼),60mg/L ~ 70mg/L(鳖)	

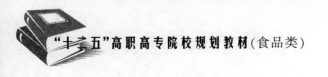

续表

名称	主要用途	主要用法	备注
沸石	改良净化池塘水质	遍洒 100 ~ 150 目粒度用 30g/m² ~ 50g/m²(连续多次);1.5mg/L ~ 2.0mg/L 与乌蔹莓混合后遍洒,可治疗白头白嘴病	忌与化肥和其他药物混放、混用

六、做好养殖污水的处理工作

养殖用水需要经过处理后方可排放。绝不允许将养殖后的污水直接排放到河道,造成环境水域的污染。养殖污水处理的方式主要有:

1. 物理处理法

物理处理法可用栅栏、筛网、沉淀、气浮、过滤、紫外线等方法。

2. 生物处理法

生物处理可采用好氧性生物处理(生物膜法、活性淤泥法)、厌氧性生物处理(消化池、化粪池)、水生生物脱氮处理(丝状藻类、水生维管素等)等方式。

3. 化学处理法

化学处理法可采用中和法(调节 pH)、混凝法(去除悬浮物、胶体)、氧化还原法(空气法、氧气法、臭氧法等)。

七、对水产品活体采用适宜的捕捞、运输和保鲜技术

绿色食品水产品的捕捞,尽可能采用网捕、勾钓、人工采集。禁止使用电捕、药捕等破坏资源、污染水体、影响水产品品质的捕捞方式和方法。

绿色食品水产品尽量要保鲜、保活。运输前必须停食2d,种鱼还应进行拉网式锻炼。运输水质应符合渔业水质标准,运载水体与养殖水体的温差不得超过3℃。在运输过程中,使用的载体材料应无毒无害,禁止使用对人体有害的化学防腐剂和保鲜保活剂,也严禁使用麻醉药物。

 思 考 题

1. 绿色食品动物生产的基本原则是什么?
2. 进行绿色食品畜禽生产时,对养殖场所有什么要求?
3. 怎样做好绿色食品畜禽疫病的防治工作?
4. 绿色食品水产品养殖中如何保持良好的水质?
5. 对水产品如何科学、合理地投喂饲料?

第五章　绿色食品的加工、包装与贮运

第一节　发展绿色食品加工业的必要性

人类生存所需的热能和各种营养物质都是食物提供的。食物按照来源可分为两大类,即动物类、植物类。动植物产品有些可以直接食用,但大多数都必须经过加工处理后才能被食用或提高其利用价值,这种对农产品的人工处理过程即所谓的食品加工。食品加工是食品生产的最后一道环节,直接关系到农产品资源的充分利用和增值。现代的食品加工不同于传统的加工,现代食品加工已具有工业的性质,农产品经过工业制造,最终以工业产品的形态进入市场。目前,以农产品为原料的食品加工业已成为发达地区或国家经济的重要组成部分。

一、发展绿色食品加工业的重要意义

绿色食品加工是以绿色农产品为原料,按照有机生产方式进行的食品加工过程。发展绿色食品加工业具有重要的意义,主要表现在:

(一)提高农产品利用率的重要途径

由于食品工业是以农产品为原料,因此与农业关系密切。绿色食品加工业以经过认证的绿色农产品为原料,这将促使农产品生产基地合理地利用资源,保持农业的可持续发展。绿色食品加工业促使加工企业更加合理地利用资源,合理地循环利用无污染的绿色食品产品,在促进绿色食品加工业健康发展的同时,使资源合理化并使之最大程度地转化为经济效益。

(二)改善城乡人民食品营养结构的客观必要

随着人们生活水平的提高,人们对食品的要求越来越严格,绿色食品加工产品具有质优、营养、安全的特点,必将成为人们的首选,为改善我国城乡居民的食品营养结构做出巨大贡献。

(三)促进我国食品工业发展的重要举措

绿色食品加工业是我国食品工业发展的重点之一,绿色食品认证几乎涵盖了所有的食品种类,这大大促进了我国食品工业的发展,具体体现在以下五个方面:

1.绿色食品加工业发展迅速

随着人们认识水平的提高,许多食品加工企业开始注重加强质量管理,通过改进工艺、改善加工条件等方式以期达到绿色食品加工企业的标准。由于人们对食品安全要求越来越严格,促进了绿色食品加工业的迅速发展。

2.绿色食品加工产品质量有保证

绿色食品加工对原料及加工过程较传统的普通食品加工要求更严格,控制措施更得当,这些要求和措施确保了绿色食品最终产品的品质,绿色食品品质大大优于普通食品。

3. 绿色食品加工企业设备较先进,管理水平较高

绿色食品加工企业采用先进的生产设备和加工工艺,管理水平也较高,这些措施为绿色食品的品质提供保障。

4. 绿色食品出口促进了绿色食品加工业水平的提高

绿色食品出口促使加工企业为达到出口标准的要求而不断提高管理和技术水平,缩短了与发达国家食品工业之间的差距。

5. 绿色食品企业及产品的标准化,为我国食品工业的发展提供了新的探索

绿色食品标准要求较普通食品严格,并对企业的食品生产实行全程质量控制,确保了食品的质量安全。

二、目前绿色食品加工业存在的问题

我国绿色食品加工业发展迅速,但仍存在很多问题,主要表现在以下几方面:

(1)初级农产品占据的比重较大,加工产品比重较小,这与国际食品加工行业食品加工业比重越来越大的发展趋势不一致。

(2)生产加工产品品种单一,高深度、高附加值的加工产品数量较少。

(3)企业的管理水平、技术能力及从业人员的素质等都有待于进一步提高。

针对我国绿色食品加工业存在的问题,今后一段时间内,绿色食品的发展应重点突出特色产品的开发,促进加工产品品种的多样化。提高企业人员素质,积极采用新技术,改善生产工艺,以产品出口为发展重点,在加大生产资料的认证力度和拓宽绿色食品加工产品种类等方面下功夫。

第二节 绿色食品加工过程的基本要求

一、绿色食品加工的基本原则

绿色食品不同于普通食品,在生产中要保证食品的安全、优质、营养和无污染,另外还要保证生产过程的环境卫生,做到节能、可持续、清洁生产。因此绿色食品在生产加工过程中要遵循一定的原则。

(一)可持续发展原则

绿色食品就是在世界可持续农业飞速发展的前提下产生的。由于资源环境的恶化,人们意识到可持续发展的重要性,绿色食品生产本着节能和物质再循环利用的原则,注重原料的综合利用和对环境的保护,融入了促进人类可持续发展的理念。

(二)营养物质最小损失原则

绿色食品崇尚自然,在生产过程中尽可能地保持食物天然的色、香、味及营养物质,最大限度保持食品的天然营养特性。采用传统的加工方法结合当今先进的生产工艺和技术确保绿色食品达到自然、营养、优质的特点。

(三)加工过程无污染原则

食品的加工过程是一个复杂的过程,从原料入库到产品出库的每一个环节和步骤都要严格控制,严防因加工不当而造成二次污染。具体要注意到以下几个环节:

1. 原料来源明确

生产加工绿色食品的主要原料必须使用经过专门绿色食品组织认证的产品,辅料也尽可能地使用已认证的产品。

2. 企业管理完善

绿色食品的加工企业一定要经过认证人员的考察和评审。要求具有良好的卫生条件、合理的建筑布局、合适的地理位置、完善的排供系统、有序的企业管理等,以保证生产中免受外界污染。

3. 加工设备无污染

绿色食品的加工设备要选择对人体无危害的材料,尤其与食品接触的部位,必须对人体无害。设备本身应清洁卫生,防止加工过程中对食品造成交叉污染。

4. 加工工艺合理

绿色食品加工过程中必须采用合理的工艺,尽量采用先进的技术手段,减少添加剂等污染食品的机会,避免加工过程中造成交叉污染。在避免食品污染的同时,要改善食品风味,增加食品营养。

5. 选用适宜的贮运方法

绿色食品的贮藏与运输在加工过程中具有重要的地位,应使用安全的贮藏方法,在运输过程中严禁混装,确保无污染源、无杂质,保证运输后的食品品质。

6. 加强人员培训

生产加工人员应具备绿色食品的知识,掌握绿色食品的加工原则。具有强烈的责任心,能够严格按照操作规程进行生产,避免人为污染,保证食品的安全。

(四)无环境污染与危害原则

绿色食品生产企业要保证在产品生产过程中所产生的物质对环境无污染。因此生产企业要具有先进的生产工艺,能够对废物进行无害化处理,使废物资源化,避免对环境造成污染。

总之,绿色食品加工业要体现绿色食品的生产特性,在加工过程中对食品进行全程质量控制,既要保证绿色食品本身的质量又要对外界资源和环境负责。

二、绿色食品加工过程中的质量和技术要求

按照绿色食品加工的基本原则,我们分别从企业环境、加工原料、加工设备、加工工艺等方面对绿色食品加工过程中的质量和技术要求进行探讨。

(一)绿色食品加工的环境条件要求

绿色食品加工的环境条件是绿色食品产品质量的有力保障,企业适宜的位置和合理的布局是构成绿色食品加工环境条件的基础。

1. 绿色食品企业厂(场)址的选择

(1)基本要求

①地势高。

②水源丰富,水质良好。

③土质良好,便于绿化。

④交通便利。

(2)环境要求

①远离污染源 绿色食品企业选址时,应考虑周围环境是否存在污染源。如果必须在重工业区选址时,要根据污染范围设 500m ~ 1000m 防护林带。在居民区选址时,25m 以内不得有排放尘毒作业场所及暴露的垃圾堆、坑或露天厕所;500m 以内不得有粪场和传染病医院。为了减少污染的可能,厂址还应根据常年主导风向,选在污染源的上风向。

②防止企业对环境的污染 要求企业不仅设立"三废"净化处理装置,在工厂选址时,还应远离居民区。间隔的距离可根据企业的性质、规模的大小,按照《工业企业设计卫生标准》的规定执行,其位置还应在居民区主导风向的下风向和饮用水源的下游。

2. 绿色食品企业的建筑设计与卫生条件

(1)建筑布局

根据生产原料和工艺的不同,食品加工厂一般设有原料预处理、加工、包装、贮藏等场所,以及配套的锅炉房、化验室、容器清洗室、消毒室、办公室、辅助用房和生活用房(食堂、更衣室、厕所)等。各部分建筑要根据生产工艺按照原料、半成品、成品的顺序,保持连续性,防止食品之间的交叉污染。

(2)卫生设施

绿色食品工厂必须具备一定的卫生设施,以保证生产的产品达到清洁卫生、无交叉污染。加工车间必须具备以下卫生设备:

①通风换气设备。

②照明设备。

③防尘、防蝇、防鼠设备。

④卫生缓冲设备。

⑤工具及容器清洗、消毒设备。

⑥污水、垃圾、废弃物排放处理设备。

(3)地面、墙壁处理

地面应由耐水、耐热、耐腐蚀的材料铺设而成,地面应有地漏和排水管道,并有一定的坡度,以便于排水。墙壁要被覆一层光滑、浅色、不渗水、不吸水的材料,距离地面 2m 以下的部分要铺设墙裙,生产车间与屋顶交界处应呈弧型以防污垢积累并便于清洗。

(二)绿色食品加工原料要求

原料是食品工业的基础,现代食品工业对原料的质量和来源提出了很高的要求,绿色食品不同于普通食品,在原料的选择上要求更加严格。

1. 原料来源要求

(1)绿色食品加工产品的主要原料要求都应是已被认证的绿色产品。生产辅料要有固定的来源,并应有第三方权威机构出具的合格检验报告。

(2)严禁在绿色食品加工中使用转基因生物来源的原料。

(3)水作为食品加工中的重要原料和助剂,不必经过认证,但加工用水必须符合我国饮用水卫生标准,同样需要经过检测合格,并有合法的检验报告。

(4)绿色食品的原料严禁用辐射、微波等方法处理。

(5)非主要原料若尚无已认证的产品,可以使用经中国绿色食品发展中心批准的、有固定来源并经检验合格的原料。

2. 加工原料成分的配比标注

目前绿色食品标签标准对于产品的配比标注没有明确的规定,但也必须明确标明原料各成分的含量。在实际的生产中可参照有严格要求的发达国家或地区的标准或规定执行。如欧盟的有机食品标注有如下规定:

(1)当某一产品95%的成分是有机方式生产,并且其余的5%未经有机方式生产但属于列在EEC 2092/91条例附则Ⅵ上的成分,该产品可注明是有机生产方法生产。

(2)如果某一产品的有机成分在70%~95%之间,可以列出有机成分,但只能注明"x%的配料是根据有机生产方法生产"。

(3)如果小于50%的配料是有机方法生产的,只能在配料表中对相应的配料注明是有机方法生产。

(三) 绿色食品加工工艺要求

1. 绿色食品加工工艺的特殊要求

根据绿色食品加工的原则及绿色食品加工技术操作规程,绿色食品加工工艺应采用食品加工先进、科学、合理的加工工艺,最大程度地保留食品的自然属性和营养成分。先进工艺必须符合绿色食品的加工原则,加工过程不能造成二次污染,并不能对环境造成污染。绿色食品的加工工艺要注意以下几个方面:

(1)绿色食品加工工艺和方法应适当,以最大程度地保持食品原料的营养价值和品质。

采用先进工艺的加工食品一般有较好的品质。例如,牛奶的杀菌方法有巴氏杀菌(低温长时间)、高温瞬时杀菌,后者可较好地满足绿色食品加工原则的要求,是适宜采用的加工方式。

(2)绿色食品的加工,严禁使用辐射技术和石油馏出物。

利用辐射方法保藏食品原料和成品的杀菌,是目前食品生产中常采用的方法。采用辐照处理块茎、鳞茎类蔬菜,如马铃薯、洋葱、大蒜和生姜等对抑制贮藏期发芽效果显著,但由于国际上对于该方法还存在一定的争议,因此在绿色食品的贮藏加工处理中不允许使用该技术,主要是为了消除人们对射线残留的担心。有机物质如香精的萃取,不能使用石油馏出物作为溶剂,这就需要选择良好的工艺,可采用超临界萃取技术。如利用二氧化碳超临界萃取技术生产植物油,可解决有机溶剂残留问题。

(3)不允许使用人工合成的食品添加剂,但可以使用天然的香料、防腐剂、抗氧化剂和发色剂等,不允许使用化学方法杀菌。

添加剂的使用必须严格遵守《食品安全国家标准 食品添加剂使用标准》及《绿色食品食品添加剂使用准则》。如食品法典委员会(CAC)规定,果蔬汁饮料应采用物理杀菌方法,禁用高温、化学防腐剂和放射杀菌。因为高温可使营养物质得到破坏,化学防腐剂和放射性物质都

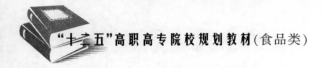

不符合绿色、无污染的要求,此规定符合绿色食品营养、无污染的宗旨。

2. 食品加工采用的新技术和新工艺

食品加工的目的就是采取一系列措施抑制或破坏微生物的活动,抑制酶的活性,减少各种生物化学变化,以最大限度地保存食品的风味和营养价值。绿色食品加工必须针对产品自身的特点,采用合理的新工艺、新方法,生产出合格的产品。食品加工的传统工艺和方法主要有干制、糖制、腌制、罐藏、速冻、发酵等。现代食品加工的新方法和新工艺有:

(1)膜分离技术 膜分离技术是利用高分子材料制成的半透性膜对溶剂和溶质进行分离的先进技术。其最突出的特点就是高效节能,它可在常温下实现对各组分的分离、提纯、浓缩。包括反渗透、超滤和电渗析。膜分离技术广泛应用于食品加工中水处理及饮料工艺中,具有效率高、质量好、设备简单、操作容易等特点。

(2)超高压技术 高压可以避免因加热引起的食品变色、变味和营养成分损失以及因冷冻而引起的组织破坏等缺陷,被誉为是"自切片面包以来最大的发明"以及"最能保存食品美味的保藏方法"。

(3)超临界萃取技术 超临界萃取技术是利用某些溶剂的临界温度和临界压力来分离多组分混合物的方法,是近年来发展起来的一种全新的分离方法,已广泛用于化工、能源、食品、医药、生物工程等领域。采用超临界二氧化碳萃取技术提取柠檬皮香精油、柑橘香精油、紫丁香、杜松子、黑胡椒、杏仁等有效成分,其工艺过程无任何有害物质加入,完全符合绿色食品加工原则。

(4)冷杀菌技术 冷杀菌技术即采用非热的方法杀死微生物的技术,该技术可保持食品的营养和原有风味。目前,主要应用的有电离辐射杀菌、臭氧杀菌、超高压杀菌和酶制剂杀菌等方法。

(5)特殊冷冻技术 特殊冷冻技术包括速冻、冷冻粉碎、冷冻升华干燥、冷冻浓缩等技术,可最大限度地保持食品原料原有的营养和风味,获得高质量的加工品。

(6)挤压膨化技术 挤压膨化技术即食品在挤压机内达到高温高压后,突然降压,食品经受压、剪、磨、热等作用致使其品质和结构发生改变,如多孔、蓬松等。目前的挤压食品除了意大利空心粉之外,已经扩大到肉类、水产、饲料、果蔬汁的加工中等。

(7)生物技术 生物技术主要包括基因工程、细胞工程、酶工程和发酵工程等。应用在绿色食品加工中的主要有酶工程和发酵工程。酶工程是利用生物合成手段,降解或转化某些物质,从而使廉价原料转化成高附加值的食品,如通过酶法生产糊精、麦芽糖等;用酶法修饰植物蛋白,改善食物的风味和营养价值;或用于果汁生产中分解果胶,提高出汁率等。发酵工程是利用微生物进行工业生产的技术,如利用微生物发酵生产黄原胶等。生物技术应用与绿色食品的加工中,必将提供绿色食品的品质和产量。

(四)绿色食品加工设备要求

先进、科学的食品加工工艺必须由相应的生产加工设备来完成,因此加工设备在食品加工中占有十分重要的地位。

1. 材料要求

不锈钢、尼龙、玻璃、食品加工专用塑料等材料制成的设备,都可用于绿色食品的加工。从严格意义上讲,与食品直接接触的机械部分一般要采用不锈钢材料,并遵照不锈钢食具容器卫生标准及相关的管理办法执行;在常温常压及 pH 中性条件下使用的器皿、管道、阀门等,可用玻璃、铝制品、聚乙烯或其他无毒的塑料制品代替。在食品加工器具中,表面镀锡的铁管、挂釉陶瓷器皿、搪瓷器皿、镀锡铜锅和焊锡焊接的薄铁皮盘等,都容易导致铅的溶出,特别是接触酸性食品原料和添加剂时,溶出更多。铅可损害人的神经系统、造血器官和肾脏,并可造成急性腹痛和瘫痪,严重的还可导致休克和死亡,所以,在加工过程中要避免和减少上述器具的使用。另外,电镀制品中含有镉和砷,陶瓷制品中也含有砷,在酸性条件下镉和砷都容易溶出;食盐对铝制品有强烈的腐蚀作用,都应严加防范。

2. 设备润滑剂

绿色食品加工设备的轴承、枢纽部分所用的润滑剂部位应全部封闭,润滑剂尽量使用食用油,严禁使用多氯联苯。

3. 设备布局与安装

食品机械设备布局要合理,符合工艺流程要求,便于操作,有利于连续作业,降低劳动强度,能够提高生产效率,保证食品卫生和加工工艺要求,防止交叉污染。食品的设备管道应设有观察口,并便于拆卸检修,管道拐弯处应呈弧形以便于冲洗消毒处理。

(五)绿色食品加工食品添加剂要求

1. 食品添加剂的定义和种类

食品添加剂是指为改善食品色、香、味、形、营养以及对保存和加工工艺的需要而加入食品中的化学合成或天然物质。

食品添加剂按照来源可以分为两大类,一类是从动植物组织提取的天然物质,另一类是人工合成的化学物质。按照其所起的作用,食品添加剂可分为酶制剂、营养强化剂、风味剂、抗氧化剂、防腐剂、着色剂、发色剂、漂白剂、香料香精、食用色素、增稠剂、乳化剂、膨松剂等。

2. 绿色食品食品添加剂的使用标准

2000 年 3 月农业部颁发了《绿色食品 食品添加剂使用准则》,作为中华人民共和国的农业行业标准。在该标准中规定了生产 A 级和 AA 级绿色食品食品添加剂的种类、使用范围和最大使用量,以及不应使用的品种。

3. 绿色食品添加剂的安全性

在绿色食品的加工过程中,添加剂的使用关键要注意安全性,这也是决定产品是否符合食品标准的一个关键因素。虽然在食品中仅仅占千分之几甚至更少,但却是食品检验中最重要的质量指标之一。

就目前来讲,食品添加剂的发展趋势是向天然型、营养型和多功能型发展。在绿色食品加工过程中,严禁使用危害人体健康、有慢性毒性或"三致"作用的添加剂,并且严格限制其在产品中的添加量。其使用要贯彻"预防为主"的方针和"安全第一、质量第一、市场第一"的原则。

(六)绿色食品企业管理要求

1. 人员管理要求

要求所有食品生产者必须身体健康,体检合格才能上岗,并每年进行至少一次健康体检。绿色食品生产人员及管理人员,不仅要掌握基本的食品生产知识,而且要经过绿色食品知识的系统培训,理解和掌握绿色食品标准,才可以从事绿色食品的加工生产。

2. 技术管理要求

技术管理是质量管理和质量控制的保证,为了保证产品质量管理的稳定性和可靠性,必须做好以下工作:

(1)完善质量管理体系

绿色食品加工企业应具备完善、科学和高标准的管理系统,从原料到成品,对所有环节进行质量监控,实施制度化、规范化、科学化,力求与国际标准和质量要求接轨,以获得国际权威的认证,取得通往国际市场的"绿色通行证"。ISO 9000 系列认证,是目前许多企业正在努力推行的质量管理标准之一,它同时也为企业的食品质量提供了较为可靠的保证。GMP 和 HACCP 认证同样也可为食品的质量管理提供保证。严格执行这些措施和标准,一方面可以保护绿色食品的安全卫生;另一方面也是一种贸易保护措施,是一种技术壁垒,有利于绿色食品加工企业的进一步发展。

(2)制定技术措施

企业应根据产品质量和生产的需要,确定最佳的生产工艺流程。对于生产过程中发现的疑难问题,要组织专业技术人员联合攻关。

为了保证产品的质量,针对生产加工环节对工艺要求、检验方法等制定生产操作规程及技术标准。

为了全面、严格控制产品质量,对整个生产过程进行质量控制。如列明生产环节控制的关系项目、频率、检验方法、负责人员、数据的记录、问题的处理等。

除了要有严格的生产操作规程和健全的规章制度外,还必须要有完整的生产、销售和运输记录,以备建立产品档案和问题查询,如原料来源、加工过程、运输和销售等内容。

第三节　绿色食品的包装与贮运

一、绿色食品的包装

(一)食品包装的概念和作用

1. 食品包装的概念

食品包装是指在食品流通过程中为保护产品、方便运输、便于贮藏、促进销售而按一定的技术方法采用的材料、容器及辅助物的总称;也指为达到上述目的而采用的一系列技术措施和操作活动。

2. 食品包装的作用

(1)食品包装是标准化、商品化、保证安全运输和贮藏的重要措施。

(2)合理的包装,可使食品在运输过程中保持良好的状态,减少机械损伤,减少病害蔓延和水分蒸发,避免产品散堆发热而引起腐烂变质。

(3)包装是商品的一部分,可美化产品,为市场交易提供标准的规格单位,便于流通过程中的标准化,也有利于机械化操作。

(二)绿色食品包装容器的要求

绿色食品的包装材料除了要满足包装容器的基本条件外,还要满足安全性、可降解性和可重复利用性的要求。

（1）绿色食品包装容器要具有包装容器的基本条件，即具有保护性、通透性和防潮性，并且清洁、无污染、无异味、无有害物质。

（2）绿色食品产品的包装应选择可重复利用的材料，如不能重复利用，应可以降解，节约资源，不对人的健康和环境产生污染；可重复使用或回收利用的包装，其废弃物的处理和利用按GB/T 16716 的规定执行。

（3）玻璃制品、金属类包装应可以重复使用和回收，但金属类包装不应使用对人体和环境造成危害的密封材料和内涂料；对于塑料包装制品，应选择可重复利用、回收利用或可降解的材料，在保护内装物完好无损的前提下，尽量采用单一材质的材料；对于纸制品，可选择可重复使用、回收利用或可降解的材料，不允许涂塑料等防潮材料，也不允许涂蜡、上油等。

（4）外包装上印刷标志的油墨或贴标签的粘着剂应无毒，并且不能直接接触食品。

（三）食品包装的标签要求

1. 标签的作用

标签的作用是显示或说明商品特征和性能，向消费者传递信息。随着商品经济的快速发展，商品的标签已经成为进行公平交易、商品竞争的一种形式。其作用具体表现在以下几个方面：

（1）引导或指导消费者选购商品。

（2）保护消费者的利益和健康。

（3）维护制造者的合法权益。

（4）食品标签犹如一个广告宣传栏，食品生产者可以在此展示产品的特性，吸引消费者购买。

2. 食品标签的标准

我国有关标准（如 GB 7718—2004《预包装食品标签通则》）规定了食品标签的相关内容，主要包括食品名称、配料表、食品添加剂的名称或代码、净含量及固形物含量、制造者或经销者的名称和地址、日期标志（生产日期、保质期或保存期）及贮藏指南、产品类型、质量（品质）等级、产品标准号、QS 标志编号及其他特殊标注内容。

3. 绿色食品包装标志及防伪标签

绿色食品的包装标签，除符合食品包装的基本要求外，还应符合《中国绿色食品标签标志设计使用规范手册》的要求。对已获得绿色食品标志使用权的单位，需将绿色食品标志用于产品的内外包装，对绿色食品标志的图形、文字、标准色、广告用语及编号等必须按照规定严格执行。

必须使用防伪标签技术，主要是对绿色食品有保护和监控作用，如许可使用绿色食品标志的产品必须加贴绿色食品标志防伪标签；只能使用在同一个编号的绿色食品产品上；粘贴于包装的正面显著位置，不得掩盖原有的绿色食品标志、编号等；同一产品贴防伪标签的位置应固定，不得随意变化等。

二、绿色食品的贮藏与运输

（一）绿色食品的贮藏

1. 定义

绿色食品的贮藏是根据食品的贮藏性能、卫生安全性、生产可行性以及影响贮藏质量变化的各种因素,依据食品贮藏原理而选择适当的贮藏方法和贮藏技术的食品保藏过程。

2. 贮藏原则

绿色食品贮藏应遵循一定的原则:

(1)贮藏环境必须洁净卫生,不能对绿色食品造成污染。

(2)选择适宜的贮藏方法,最大程度地保持绿色食品的原有品质。

(3)贮藏过程中,绿色食品与非绿色食品、A 级与 AA 级绿色食品必须分开,不能混存。

3. 绿色食品的贮藏技术规范

(1)食品仓库在存放绿色食品前要进行严格的清扫和灭菌,周围环境必须清洁卫生,远离污染源。

(2)禁止使用会对绿色食品产生污染或潜在污染的建筑材料与物品,严禁食品与化学合成物质接触。

(3)食品入库前应进行必要的检查,严禁与污染、变质以及标签、账号与货物不一致的食品混存。

(4)食品按照入库先后、生产日期、批号分别存放,禁止不同生产日期的产品混放,绿色食品与普通食品应分开贮藏。

(5)管理和工作人员必须遵守卫生操作规程,所有的设备在使用前均应进行灭菌。

(6)包装上应有明确的生产、贮藏日期,食品贮藏期限不能超过保质期。

(7)贮藏库必须与相应的装卸、搬运等设施相配套,以防产品在装卸、搬运等过程中受到损坏与污染。

(8)食品在入仓堆放时,必须留出一定的墙距、柱距、货距与顶距,确保贮藏货物之间通风良好。

(9)建立严格的仓库管理情况记录档案,详细记载进库、出库食品的种类、数量和时间等。

(10)根据不同食品的贮藏要求,做好仓库的温湿度管理,采取通风、密封、吸潮、降温等相应措施,并定期监测食品的温度、湿度、水分及虫害等的发生情况。

(11)绿色食品的贮藏必须采用干燥、低温、密封与通风、低氧(充二氧化碳或氮气)、紫外光消毒等物理或机械方法,禁止使用人工合成化学物品以及有潜在危害的物品。

(12)保持绿色食品贮藏室的环境清洁,具备防鼠、防虫、防霉的设备和措施,严禁使用人工合成的杀虫剂。

(13)未做特殊说明的,以《中华人民共和国食品安全法》及有关的国家、行业标准为依据。

(二)绿色食品的运输

1. 绿色食品运输的原则和要求

绿色食品的运输除要符合国家对食品运输的有关规定外,还要遵循以下原则和要求:

(1)必须根据产品的类别、特点、包装要求、贮藏要求、运输距离及季节等采取不同的运输手段。

(2)绿色食品在装运过程中,所用的容器和运输设备等必须洁净卫生,不能对绿色食品造成污染。

(3)绿色食品禁止与农药、化肥及其他化学制品等混装运输。

(4)在运输过程中,不能与非绿色食品混装运输。

（5）绿色食品的 A 级和 AA 级产品也不能混装运输。

2. 绿色食品的运输规范

（1）必须根据绿色食品的类型、特性、运输季节、距离以及产品保质贮藏的要求选择不同的运输工具。

（2）用来运输食品的工具，包括车辆、轮船、飞机等，在装入绿色食品之前必须清洗干净，必要时进行灭菌消毒，必须用无污染的材料装运无公害农产品。

（3）装运前必须进行食品质量检验，在食品、标签与账单三者相符的情况下才能装运。

（4）装运过程中所用的工具应清洁卫生，禁止带入有污染或潜在污染的化学物品。

（5）运输包装必须符合有机食品的包装规定，在运输包装的两端，应有明显的运输标志。内容包括始发站、到达站（港）名称、品名、数量、重量、收（发）货单位名称以及有机食品的标志。

（6）不同种类的绿色食品运输时必须严格分开，不允许性质相反和互相串味的食品混装。

（7）填写绿色食品运输单据时，要做到字迹清楚、内容准确、项目齐全。

（8）绿色食品装车（船、箱）前，应认真检查车（船、箱）体状况。

（9）绿色食品的运输车辆应该做到专车专用。

（10）绿色乳制品应在低温或冷藏条件下运输，严禁与任何化学品或其他有害、有毒、有气味的物品混装运输。

 思 考 题

1. 如果你要加工绿色产品，在选择加工厂时，你有什么要求？

2. 绿色食品对加工工艺有何特殊要求？

3. 请为加工后的绿色食品设计一份标签，内容自选。

4. 绿色食品加工企业应如何加强自身管理？

5. 绿色食品贮运原则是什么？

第五章　绿色食品的加工、包装与贮运

第六章 绿色食品的认证与管理

绿色食品的认证与管理体系是绿色食品生产健康发展的有力保证。绿色食品认证是一种对农产品及其加工品进行全面质量管理的活动,其核心是在生产过程中执行绿色食品标准。绿色食品采取质量认证制度与商标使用许可制度相结合的运作方式,是一种以质量标准为基础,技术手段和法律手段有机结合的管理行为。我国绿色食品的管理以标准为基础,以产品质量认证为形式,以商标标志管理为手段,是一个开放式的管理系统。

第一节 绿色食品管理机构及职能

我国绿色食品管理体系在全国构建了三个组织管理机构:绿色食品认证管理机构、绿色食品产地环境监测与评价机构和绿色食品产品质量检测机构。

一、绿色食品认证管理机构

中国绿色食品发展中心(China Green Food Development Center)是组织和指导全国绿色食品开发和管理工作的权威机构。1990 年开始筹备,1992 年 11 月正式成立,隶属中华人民共和国农业部。中国绿色食品发展中心是绿色食品质量证明商标持有人,主管全国绿色食品工作,并对绿色食品标志商标实施许可。1999 年中国绿色食品发展中心加挂农业部绿色食品管理办公室的牌子。

中国绿色食品发展中心的主要职能是:受农业部委托,制定绿色食品发展方针、政策及规划,组织制定和推行绿色食品的各类标准;依据标准,认证绿色食品;依据《农产品质量安全法》、《中华人民共和国商标法》,实施绿色食品产品质量监督和标志商标管理;组织开展绿色食品科研、示范、技术推广、培训、信息交流与合作等工作;指导各省、市、自治区绿色食品管理机构的工作;组织、协调绿色食品产地环境和产品质量检测工作。

各省(自治区、直辖市)成立了省级分支管理机构,负责本地区绿色食品的申请、检测、管理工作。绿色食品认证管理机构的基本宗旨是:组织和促进无污染、安全、优质、营养类食品的开发与研究,保护和建设农业生态环境,提高农产品及其加工食品的安全质量,推动国民经济和社会的可持续发展。

二、绿色食品产地环境监测与评价机构

各地根据本地区的实际情况,报农业部批准备案后,委托具有省级以上计量认证资格的环境监测机构开展当地绿色食品产地环境检测与评价工作。目前,各省(自治区、直辖市)至少有一家具备认证资格的产地环境监测与评价机构,形成了可以覆盖全国各地的有效工作网络。

绿色食品产地环境监测机构的主要职能是:根据绿色食品委托管理机构的委托,按《绿色食品 产地环境现状评价纲要》及有关规定对申报产品或产品原料产地进行环境监测与评价;根据中国绿色食品发展中心的抽检计划,对获得绿色食品标志的产品或产品原料产地环境进行抽检;根据中国绿色食品发展中心的安排,对提出仲裁监测申请的企业进行复检;根据中国

绿色食品发展中心的布置,专题研究绿色食品环境监测与评价工作中的技术问题等。

三、绿色食品产品质量检测机构

绿色食品产品质量检测机构是中国绿色食品发展中心按照行政区域的划分,依据绿色食品在全国各地的发展情况、各地食品检测机构的检测能力、检测单位与中心的合作愿望等因素由中国绿色食品发展中心直接委托。

委托定点绿色食品产品质量检测机构应具备以下四个条件:

(1)绿色食品产品质量检测机构应已通过国家实验室认证认可监督管理委员会的计量认证。

(2)该单位被定为行业检测单位,有跨地域检测的资格,检测报告要有权威性。

(3)该单位所在地区绿色食品事业发展较快,有必要建立定点食品检测机构。

(4)该单位对绿色食品有一定的了解,能积极与绿色食品事业合作,有为绿色食品发展贡献力量的要求。

绿色食品产品质量检测机构的主要职能:按照绿色食品产品标准对申报产品进行监督检验;根据绿色食品发展中心的抽检计划,对获得绿色食品标志使用权的产品进行年度抽检;根据中国绿色食品发展中心的安排,对检验结果提出仲裁要求的产品进行复检;根据中国绿色食品发展中心的布置,专题研究绿色食品质量控制有关技术问题;有计划地引进、翻译国际上有关的先进标准,研究和制定有关产品标准。

目前,全国已建立了45个绿色食品产品质量定点检测机构,分布在北京、天津、济南、青岛、郑州、沈阳、大连、长春、佳木斯、哈尔滨、上海、南京、杭州、合肥、武汉、长沙、南昌、湛江、广州、南宁、福州、漳州、海口、重庆、成都、贵阳、昆明、太原、西安、兰州、银川、呼和浩特、石河子、乌鲁木齐、西宁等地。各地绿色食品管理机构、生产企业和经营单位可以自愿选择已有资格的任何一家绿色食品产品质量检测机构进行产品质量检测。

四、委托制的绿色食品管理机构

以商标标志委托管理的方式,组织全国的绿色食品队伍管理是绿色食品事业发展的一大特色。本着"谁有条件和积极性就委托谁"的原则,委托各地相应的机构管理绿色食品标志,不仅体现了因地制宜、因人制宜、因时制宜的求实态度,而且对绿色食品事业的长期、健康和稳定发展十分有益。其优点主要体现在:

(一)变行政管理为法律管理

实施标志委托管理,被委托机构获得相应管理职能的同时,也承担了维护标志法律地位的义务。此时的标志管理,实际是一种证明商标的管理;此时的被委托机构,形同商标注册人在地域上的延伸,被委托机构和绿色食品企业的关系犹如商标注册人和被使用许可人的关系,一切管理措施都以《中华人民共和国商标法》为依据。也就是说其管理行为已超越了行政管理的范围,被法律化、格式化了。这对于一个关系人们健康、安全的崭新事业而言,意义极其深远。

(二)充分体现自愿原则

所有的委托都是在自愿的基础上进行的,所以被委托机构的积极性和主动性成为事业发展的先天优势。对被委托机构而言,投身绿色食品事业是"我要干"而不是"要我干";另一方面,委托是在有条件和有选择的前提下进行的,从而在主观积极性的基础上又考虑了客观条件,尽可能做到内因与外因的有机结合。

(三)引入竞争机制

实施标志的委托管理,意味着打破了"岗位终身制"。每一个被委托机构都可能因丧失了其工作条件或责任心而随时失去被委托的地位;每一个不在委托之列的机构都有通过竞争获得被委托的机会。因而,委托管理制引入了竞争机制,而竞争则可以带来生机,竞争才能促进绿色食品工业的加速发展。

(四)体现绿色食品的社会化特点

实施标志的委托管理,打破了行业界限和部门的垄断,符合绿色食品质量控制从"土地到餐桌"一条龙服务的产业化特点,也体现了绿色食品"大家的事业大家办"的社会化特点,不仅有利于吸收各行业人士的关心和支持,而且有利于绿色食品在相关各行业的发展。从质量认证的角度看,实施委托管理的方式,符合认证、检查、监督相分离的原则,更充分地体现了绿色食品认证的科学性和公正性。

目前,中国绿色食品发展中心已在全国30多个省、市、自治区委托了绿色食品标志管理机构,形成了一支网络化的管理队伍。这些委托管理机构形成了区域性的分中心,对区域绿色食品发展起到了重要作用;从宏观角度看,他们又是事业网络中必不可少的结点,承担着宣传发动、检查指导、信息传递等重要任务,对事业的兴衰成败起着非常重要的作用。这支队伍具有事业心强、有活力的鲜明特点;不论所在单位是行政性的还是事业性的,均不受外界干扰,直接对委托人负责,对法律负责。

五、社会团体组织

(一)中国绿色食品协会

中国绿色食品协会(China Green Food Association,简称CGFA)是经中华人民共和国民政部、农业部批准注册,由我国从事和热心于绿色食品管理、科研、教育、生产、贮运、销售、监测、咨询技术推广等活动的单位和个人,为了共同的目标而自愿组成的非行业性、全国性、非营利性社会组织。在绿色食品事业中发挥协调、服务等作用。

中国绿色食品协会的宗旨是积极贯彻执行党和国家的方针、政策,遵守宪法、法律、法规,遵守社会道德风尚,坚持以邓小平理论和"三个代表"重要思想为指导,落实科学发展观,构建和谐社会,服务于"三农",致力于促进我国绿色农业和绿色食品事业的健康、快速发展,推动我国社会、经济和生态的可持续发展。

中国绿色食品协会的主要职能:推动绿色食品开发的横向经济联合,协调绿色食品科研、生产、贮运、销售、监测等方面的关系;组织绿色食品事业理论研究、人员培训、社会监督、信息咨询、科技推广与服务,并成为政府与绿色食品企事业单位之间的桥梁和纽带;为绿色食品事业的健康稳定发展和产业的加速建设提供有效的综合服务和有力的社会支持。

（二）绿色食品专家咨询委员会

为加快绿色食品发展的科技化进程,在中国农学会的大力支持下,中国绿色食品发展中心于 2004 年正式组建了绿色食品专家咨询委员会。全国绿色食品专家咨询委员会的建立,是绿色食品事业科技化的重要体现,它为绿色食品事业搭建了强大的技术支撑网络。目前确定的 439 名专家分布在除港、澳、台外的 31 个省(自治区、直辖市),涉及农业经济、国际贸易、资源环境、栽培育种、园艺、植保、农产品加工、分析检测、标准化及法律等 73 个专业。

全国绿色食品专家咨询委员会由中国绿色食品发展中心统一负责管理协调工作,使之为绿色食品事业服务。其主要作用有:发挥基础研究功能,为绿色食品宏观决策提供理论依据;发挥人才资源储备功能,为各专业委员会提供备用专家;发挥对科研机构、企业和政府决策层的宣传导向功能,为社会各界了解绿色食品提供一个全新的窗口;发挥技术支撑功能,为中心、绿办、绿色食品定点监测机构和企业提供技术服务。

第二节　绿色食品认证申报与审批程序

绿色食品标志是经中国绿色食品发展中心注册的质量证明商标,凡具有绿色食品生产条件的国内企业均可按一定程序申请绿色食品认证。

一、绿色食品认证程序

绿色食品认证申报实际上是产品质量认证和许可使用绿色食品标志的申报。《绿色食品标志管理办法》本着"全过程质量控制"的原则,对认证申报程序做了具体的规定(见图 6-1),充分考虑了从产地环境到最终产品质量的所有环节。认证申报程序是严格按照先后顺序进行的,哪一步出了问题,其下一步的认证申报工作将被终止。

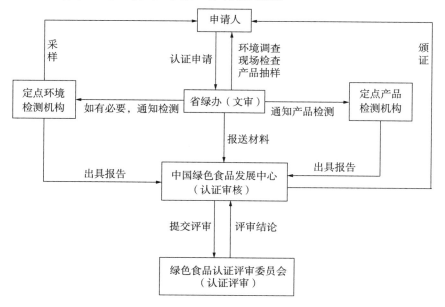

图 6-1　绿色食品认证程序

第六章　绿色食品的认证与管理

绿色食品产品认证包括:认证申请、受理及文审、现场检查及产品抽样、环境监测、产品检测、认证审核、认证评审、颁证共八个环节。其中最主要的是文件审核及现场检查,文件审核决定是否受理其申请,现场检查的结果决定其是否能够通过认证。

(一)认证申请

申请人向所在省、自治区、直辖市绿色食品办公室(以下简称绿办)领取《绿色食品标志使用申请书》、《企业及生产情况调查表》及有关资料,也可从国家中心网站(网址:www.green-food.org.cn)下载获取,并填写《绿色食品标志使用申请书》(一式两份)及《企业生产情况调查表》,并连同有关资料一并报省(区、市)绿办。

(二)受理及文审

省级绿办收到申报材料后,五个工作日内完成材料审查工作,并向申请人发出《文审意见通知单》,同时抄传中国绿色食品发展中心认证处。

(三)产地环境质量现状调查、现场检查及产品抽样

省级绿办委派两名或两名以上检查员根据《检查员工作手册》和《绿色食品产地环境质量现状调查技术规范》等要求,按《绿色食品产地环境质量现状调查表》和《现场检查表》中检查项目进行逐项检查。现场检查后五个工作日内出具现场检查评估报告。

申请人将检样、产品执行标准、《绿色食品产品抽样单》、检测费寄送定点产品检测机构。

(四)环境监测

经检查员对产地环境质量现状调查确认,若该产地是经全县域环境评审并验收合格(在国家中心认证处备案)的区域或产地,环境质量符合《绿色食品产地环境质量现状调查技术规范》规定的免测条件,可免做环境监测。若经现状调查确认必须进行环境监测的,省级绿办自收到检查报告两个工作日内以书面形式通知定点环境监测机构进行环境监测,同时将通知单发送中心认证处。定点环境监测机构收到通知后,四十个工作日内出具环境监测报告和环境质量现状评价报告,并按要求填写《绿色食品环境监测情况表》,并报送中心认证处。

(五)产品检测

绿色食品定点产品检测机构自收到检样、产品执行标准、《绿色食品产品抽样单》和检测费后,二十个工作日内完成检测工作,出具产品检测报告,并按要求填写《绿色食品产品检测情况表》,报送中心认证处,同时抄送省绿办。

(六)认证审核

省绿办自收到检查员现场检查评估报告后三个工作日内签署审查意见,并将认证申请材料、检查员检查报告及《省绿办绿色食品认证情况表》报中国绿色食品发展中心认证处。

中心认证处收到最后一份材料后两个工作日内寄发受理通知书,通知申请人和省级绿办。同时组织审查人员及有关专家对上述材料进行审核,二十个工作日内做出审核结论。并报送绿色食品评审委员会。

审核结论有三种情况:若申报材料不符合要求,则下达一审意见,企业收到一审意见后应在两个月内对有关问题做出如实的答复;若材料中有违反原则性的问题,则不予通过,且当年不再受理该企业的申报;若材料合格,即下达抽样单,绿办根据此抽样单按有关规定进行抽样,抽样后封好样送到指定的食品检测部门进行检测。

(七)认证评审

绿色食品评审委员会自收到认证材料、认证处审核意见后,十个工作日内进行全面评审,并做出认证终审结论。认证终审结论分为两种情况,一是认证合格;二是认证不合格(不合格者,当年不再受理其申请)。

申报企业对环境监测结果或产品检测结果有异议,可向中国绿色食品发展中心提出仲裁检测申请。中国绿色食品发展中心委托两家或两家以上的定点监测机构对其重新检测,并依据有关规定做出裁决。

(八)颁证

中国绿色食品发展中心在五个工作日内将办证的有关文件寄送"认证合格"的申请人,并抄送省级绿办。申请人在六十个工作日内与中心签订《绿色食品标志商标使用许可合同》。

二、绿色食品认证的申报

(一)绿色食品认证的申报产品条件

绿色食品标志是中国绿色食品发展中心 1996 年 11 月 7 日经国家工商局商标局核准注册的我国第一例证明商标。

其核定使用的商品范围极为广泛,在 1 类的肥料上,注册了图形商标;在 2 类的食品着色剂上注册了文字、图形、英文以及组合共四件商标;在 3 类的香料上、5 类的婴儿食品上注册了四个商标;并在 29 类肉类、煮熟的水果、蔬菜、果冻、果酱等;30 类的糖、咖啡、面包、糕点、蜂蜜、糖调味香料;31 类水果、蔬菜、种子、饲料;32 类啤酒、饮料;33 类含酒精的饮料中进行了全类注册。据不完全统计,迄今为止"绿色食品"证明商标现已在八类 1000 多种食品上核准注册 33件证明商标。

概括地说,可以申请使用绿色食品标志的一类是食品,比如粮油、水产、果品、饮料、茶叶、畜禽蛋奶产品等。包括:(1)按国家商标类别划分的第 5、29、30、31、32、33 类中的大多数产品均可申请认证;(2)以"食"或"健"字登记的新开发产品可以申请认证;(3)经卫生部公告既是药品也是食品的产品(如紫苏、白果、菊花、陈皮、红花等)可以申请认证;(4)不受理药品、香烟的申报;暂不受理油炸方便面、叶菜类酱菜(盐渍品)、火腿肠及作用机理不甚清楚的产品(如减肥茶)的申请;(5)绿色食品拒绝转基因技术。由转基因原料生产(饲养)加工的任何产品均不受理。

可以申请使用绿色食品标志的另一类是生产饲料,主要是指在生产绿色食品过程中的物质投入品,比如农药、肥料、兽药、水产养殖用药、食品添加剂等。

具备一定生产规模、生产设施条件及技术保证措施的食品生产企业和生产区域还可以申报绿色食品基地。

申报绿色食品标志使用权的产品,必须同时具备下列条件:(1)产品或产品原料产地必须符合绿色食品生态环境质量标准;(2)农作物种植、畜禽饲养、水产养殖及食品加工必须符合绿色食品生产操作规程;(3)产品必须符合绿色食品标准;(4)产品的包装、贮运必须符合绿色食品包装贮运标准。

(二)申报绿色食品认证标志的申请人条件

《绿色食品标志管理办法》第十一条中规定:"凡具有绿色食品生产条件的单位和个人均可作为绿色食品标志使用权的申请人"。随着绿色食品事业的发展,申请人的范围有所扩展,为了进一步规范管理,对标志申请人条件做如下规定:

(1)申请人必须能控制产品生产过程,落实绿色食品生产操作规程,确保产品质量符合绿色食品标准。

(2)申报企业要具有一定规模,能承担绿色食品标志使用费。

(3)乡、镇以下从事生产管理、服务的企业作为申请人,必须要有生产基地,并直接组织生产;乡、镇以上的经营、服务企业必须要有隶属于本企业,稳定的生产基地。

(4)申报加工产品企业的生产经营须一年以上。

(5)下列情况之一者,不能作为申请人:①与中国绿色食品发展中心及各级绿色食品委托管理机构有经济和其他利益关系的;②能够引致消费者对产品(原料)的来源产生误解或不信任的企业,如批发市场、粮库等;③纯属商业经营的企业,如百货大楼、超市等;④政府和行政机构。

(三)绿色食品认证的申报原则

申报绿色食品强调自愿的原则,即指一切从事与绿色食品工作有关的单位和人员,无论是生产企业还是检查机构或监督检验部门,均须出于自愿的目的,参加相应的工作。申请人首先必须自觉自愿地申请使用标志,而不是被动地服从别人的命令或不得已应付某种局面。之所以要强调"自愿"的原则,是充分考虑到绿色食品这一新生事物在标准要求方面的苛刻性以及其发展阶段的超前性。唯有坚持自愿原则,才能发挥许多对绿色食品事业有高度认识的单位和个人的积极性,发挥许多地方的资源和环境优势,真正保证质量体系落到实处,使绿色食品名副其实,得到市场和消费者的认可。

(四)申报绿色食品标志的材料清单

申请人向所在省绿办提出认证申请时,应提交以下文件,每份文件一式两份,一份省绿办留存,一份报中国绿色食品发展中心。

(1)《绿色食品标志使用申请书》。

(2)《企业及生产情况调查表》。

(3)保证执行绿色食品标准和规范的声明。

(4)生产操作规程(种植规程、养殖规程、加工规程)。

(5)公司对"基地＋农户"的质量控制体系(包括合同、基地图、基地和农户清单、管理制度)。

(6)产品执行标准。

（7）产品注册商标文本（复印件）。

（8）企业营业执照（复印件）。

（9）企业质量管理手册。

对于不同类型的申请企业，依据产品质量控制关键点和生产中投入品的使用情况，还应分别提交以下材料：

①矿泉水申请企业，提供卫生许可证、采矿许可证及专家评审意见复印件。

②对于野生采集的申请企业，提供当地政府为防止过度采摘、水土流失而制定的许可采集管理制度。

③对于屠宰企业，提供屠宰许可证复印件。

④从国外引进农作物及蔬菜种子的，提供由国外生产商出具的非转基因种子证明文件原件及所用种衣剂种类和有效成份的证明材料。

⑤提供生产中所用农药、商品肥、兽药、消毒剂、渔用药、食品添加剂等投入品的产品标签原件。

⑥生产中使用商品预混料的，提供预混料产品标签原件及生产商生产许可证复印件；使用自产预混料（不对外销售），且养殖方式为集中饲养的，提供生产许可证复印件；使用自产预混料（不对外销售），但养殖管理方式为"公司＋农户"的，提供生产许可证复印件、预混料批准文号及审批意见表复印件。

⑦外购绿色食品原料的，提供有效期为一年的购销合同和有效期为三年的供货协议，并提供绿色食品证书复印件及批次购买原料发票复印件。

⑧企业存在同时生产加工主原料相同和加工工艺相同（相近）的同类多系列产品或平行生产（同一产品同时存在绿色食品生产与非绿色食品生产）的，提供从原料基地、收购、加工、包装、贮运、仓储、产品标识等环节的区别管理体系。

⑨原料（饲料）及辅料（包括添加剂）是绿色食品或达到绿色食品产品标准的相关证明材料。

⑩预包装产品，提供产品包装标签设计样。

三、绿色食品的审核

绿色食品标志管理人员审查申请企业的申请材料，必须真正体现出绿色食品认证的权威性、公正性和科学性，必须抓住审核工作的侧重点。审核的内容包括：

（一）考察报告

考察报告是省（自治区、直辖市）绿色食品管理机构考察申请企业之后撰写的报告，它是直接深入企业调查得来的第一手资料的总结。对考察的要求是真实、客观、详细和有针对性。

1. 考察报告要真实

要真实地反映企业的实际情况，由考察人员自己去现场发现问题，不能以听汇报、看录像等其他形式代替考察人员深入现场。要通过实例印证企业的质量体系情况，不能以"认真负责"、"严格管理"之类的抽象概念笼统概括企业的基本情况。

2. 考察报告要客观

考察人员在考察企业及书写报告时，要避免个人主观意愿，要实事求是、一分为二地反映企业的全貌。考察时要有两人或两人以上共同前往企业,与被考察企业有特殊关系的人要主动回避。考察报告写出后必须由全部参加考察的人员签字。

3.考察报告要详细

考察报告要详细具体,并要突出重点。对可能影响绿色食品质量的关键环节要深究细看,直至清楚明了。如在调查企业使用化肥、农药等生产资料情况时,不仅要亲临生资仓库查看,而且要检查其出入账记录,甚至了解近三年生产资料的使用情况。

4.考察报告要有针对性

考察报告应根据企业不同条件、不同生产特点分别突出各自的基本特色,不能千篇一律、枯燥无味。

(二)环境监测与评价

由于环境监测与评价是专业性较强的一项工作,因此必须由专门机构的技术人员完成。对于审核而言,一要注意监测布点是否合理,尽管在《绿色食品产地环境质量评价技术导则》中对布点的要求有大概的量化,但由于实际情况相当复杂,对不同的作物、不同的环境单元,完全机械地追求点数是不客观的。对一些特殊的原料环境而言,布点太少,体现不出整体的情况;布点多了,既无必要又增加了企业的负担。因此,必须在坚持基本要求的基础上,具体情况具体分析;二要看监测季节是否合适,只有在作物生长季节执行监测才最有意义;三要看每个数据是否超标,对于某个项目在某一点位置超标显著时,应跟踪分析其原因;四看选取参与评价的标准是否准确;五看结论是否完整,是否能真正代表被监测环境的实际情况。

(三)种植规程

种植规程是规范生产行为的技术文件,是绿色食品申报认证中审查的核心部分,它反映了产品生产的全部内容,包括生产方法、生产过程的技术含量,产品具备某种特定品质的特定工艺,以及质量管理的全部细节。审核时要认真考察申报企业的种植规程,既要审核规程中农药、化肥等生产资料的使用情况,也要审核规程中绿色食品与常规食品的区别。

(四)最终产品监测

这不仅是一种技术性的监督手段,也是对实施质量控制过程的后果进行验证的手段。食品检测的依据是标准,审核部门在向绿色食品检测机构下达抽检任务时,可以结合企业生产规程、省(自治区、直辖市)绿色食品管理机构的考察报告以及环境监测等资料,同时向食品检测机构下达该产品执行标准之外的加测项目,以期能较客观较全面地反映出该产品的真实结果。

四、签署标志使用许可合同

绿色食品申报单位或企业通过检测和审核合格后,单位或企业的法人代表需到中国绿色食品发展中心签署标志使用许可合同。合同包括了双方当事人需要明确和认可的重要内容、必须具备的法律要素,如双方当事人的姓名、事由、责任条款、有效期、争议仲裁等。绿色食品标志许可使用合同的核心内容有:(1)商标使用许可人以及商标的注册号;(2)被许可使用人、被许可使用的商品及商品必须达到的质量标准;(3)标志许可使用的范围;(4)标志使用形式;(5)被许可使用人的权力限制,不得将该商标异域注册或再许可他人使用;(6)许可人监督被许可人产品质量的权利,如许可人有权赴被许可人生产基地检查或抽样检测;(7)许可人和被许可使用人的责任和义务;(8)许可期限与终止、附加条款等。

五、绿色食品续报程序及标志使用规定

绿色食品标志使用证书有效期为三年。在此期间,绿色食品生产企业须接受中心、绿办或中心委托的检测机构对其产品进行抽检及年检,并履行"绿色食品标志使用协议"。期满后若欲继续使用绿色食品标志,须于期满前三个月办理重新申请手续。

(一)续报工作程序

绿色食品生产企业须在绿色食品标志使用许可期限到期之前三个月向当地绿色食品管理机构(以下简称绿办)提出续报申请。

各地绿办在接到企业申请一周之内向企业发出书面受理通知,同时传真到中国绿色食品发展中心备案。

各地绿办在发出受理通知后一个月内须完成材料初审、考察报告撰写工作,并报送中心。

续报工作要充分考虑产品的生产周期特点,合理安排在规定时间内完成续报工作。

中国绿色食品发展中心将对续报企业提供优先、快捷的服务,符合标准的续报企业,中心在收到绿办上报的材料后一个月内完成新证颁发工作。

(二)续报标志使用规定

(1)经续报符合标准的企业,新证书有效使用期从上一使用期到期之日计。

按规定续报并领取新证书的企业,原则上从新证书生效之日起使用新编号的包装,凡带有老编号的包装应及时处理,不得再流入市场。如规模较大的企业,并确按认证规模印制包装,因合理原因,导致大量老编号包装到期未用完的,须经绿办和中心核准后公告延用老编号包装,延期使用时间最多不超过六个月。超认证规模印制的老编号包装不准延期使用。

(2)虽按规定续报但不符合标准的企业,中心将公告其已丧失标志使用权。

(3)超过续报规定时间提出申请的企业,按新申报企业对待,批准之后方可使用绿色食品标志。

(4)续报企业未按规定时间提出续报申请及到期自动放弃续报的企业,到期之后即无权再使用标志。并要按照有关规定及时处理带有标志的产品和包装。

第三节　绿色食品标志的使用与管理

绿色食品标志是指"绿色食品"、"Green Food"、绿色食品标志图形及这三者的组合体等四种形式。

一、绿色食品标志编号形式

绿色食品标志的使用采用"一品一号"、"身份证"制度的原则。中国绿色食品认证中心对每一批准用标的产品实行统一编号,并颁发绿色食品标志使用证书。每一个被许可使用绿色食品标志的产品都有其独有的绿色食品标志的编号,以确定其"身份"。所谓"一品"是指一个

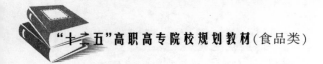

认证产品,它是商标名称和产品名称的组合体;"一号"是指一个绿色食品标志编号。编号形式及代码含义为:

LSSZ	XX	XX	XX	XX	XX	A(AA)
绿色食品生产资料	产品类别	认证年份	认证月份	省份国别	产品序号	产品级别

产品类别代码为两位数,产品分类为五大类57小类,按小类编号(表6-1)。

表6-1 产品类别代码

一、农业产品及其加工产品

01. 小麦	07. 大豆	13. 杂粮	19. 干果类
02. 小麦粉	08. 大豆加工品	14. 杂粮加工品	20. 果类加工品
03. 大米	09. 油料作物产品	15. 蔬菜	21. 食用菌及山野菜
04. 大米加工品	10. 食用植物油及其制品	16. 冷冻、保鲜蔬菜	22. 食用菌及山野菜加工品
05. 玉米	11. 糖料作物产品	17. 蔬菜加工品	23. 其他食用农林产品
06. 玉米加工品	12. 机制糖	18. 鲜果类	24. 其他农林加工食品

二、畜禽类产品

25. 猪肉	28. 禽肉	31. 禽蛋	34. 乳制品
26. 牛肉	29. 其他肉类	32. 蛋制品	35. 蜂产品
27. 羊肉	30. 肉食加工品	33. 液体乳	

三、水产类产品

36. 水产品	37. 水产加工品

四、饮品类产品

38. 瓶(罐)装饮用水	41. 固体饮料	44. 精制品	47. 啤酒
39. 碳酸饮料	42. 其他饮料	45. 其他茶	48. 葡萄酒
40. 果蔬汁及其饮料	43. 冷冻饮品	46. 白酒	49. 其他酒类

五、其他产品

50. 方便主食品	52. 糖果	54. 食盐	56. 调味品类
51. 糕点	53. 果脯蜜饯	55. 淀粉	57. 食品添加剂

认证时间代码为四位数,前两位代表年份,后两位代表月份。

省份(国别)代码为两位,各省(自治区、直辖市、特别行政区)按行政区的序号编码;国外产品从第51号开始,按各国第一个绿色食品产品认证的先后顺序编排该国家代码;中国不编代码(表6-2)。

表6-2 省份(国别)代码

01. 北京	07. 吉林	13. 福建	19. 广东	25. 西藏	31. 香港	53. 芬兰
02. 天津	08. 黑龙江	14. 江西	20. 广西	26. 陕西	32. 澳门	54. 加拿大
03. 河北	09. 上海	15. 山东	21. 海南	27. 甘肃	33. 台湾	
04. 山西	10. 江苏	16. 河南	22. 四川	28. 宁夏	34. 重庆	
05. 内蒙古	11. 浙江	17. 湖北	23. 贵州	29. 青海	51. 法国	
06. 辽宁	12. 安徽	18. 湖南	24. 云南	30. 新疆	52. 澳大利亚	

产品序号代码为四位数。

产品级别分为 A 级产品和 AA 级产品,分别用英文字母 A、AA 表示。

二、绿色食品标志使用规范

绿色食品的质量保证,涉及国家利益和消费者的利益,全社会都应该从这个利益出发,加强对绿色食品质量及标志正确使用的监督、管理。标志使用人必须接受中心有关绿色食品标志的统一管理。

(1)获得绿色食品标志使用权的企业,应尽快使用绿色食品标志。

绿色食品标志是中国绿色食品发展中心在国家工商行政管理局商标局注册的质量证明商标。作为商标的一种,该标志具有商标的普遍特点,只有使用才会产生价值。若取得标志使用权后长期不使用绿色食品标志,会妨碍中心的管理工作。因此企业获授权后应尽快使用绿色食品标志。

中国绿色食品发展中心在与标志使用人办理绿色食品标志商标使用手续一个月内,将使用单位的名称、地址、使用商标的内容,报国家工商行政管理局备案,并定期予以公告。绿色食品标志必须使用在经中心许可的产品上。获得标志使用权后,半年内在许可产品上必须使用绿色食品标志(季节性很强的产品另行规定)。

(2)绿色食品产品标签、包装必须符合《中国绿色食品商标标志设计使用规范手册》要求。

①绿色食品生产企业在产品内外包装及产品标签上使用绿色食品标志时,绿色食品标志的标准图形、标准字体、图形与字体的规范组合、标准色、编号规范必须按照《中国绿色食品商标标志设计使用规范手册》要求执行,并经中心审核、委托管理机构监督,并在中心定点的单位印刷。

包装、标签上必须做到"四位一体",即绿色食品标志图形、"绿色食品"文字、编号及防伪标签须全部体现在产品包装上。标志图形出现时,必须附注册商标符号"R"。在产品编号后或正下方须注明"经中国绿色食品发展中心许可使用绿色食品标志"的文字,其规范英文为"Certified China Green Food Product"。产品标签还必须符合《预包装食品标签通则》(GB 7718)。标签上必须标注食品名称、配料表、净含量及固形物含量、制造者及销售者的名称和地址、日期标志(生产日期、保质期/保存期)和贮藏指南、质量(品质等级)和产品标准号。另外,还须注明甜味剂、着色剂等所用产品的名称及编码。

②许可使用绿色食品标志的产品,在产品促销广告宣传时,必须使用绿色食品标志。使用在所有可做广告宣传的物体和媒体上,如在名片、台历、灯箱、运输车和办公楼上或电视广告中使用绿色食品标志,必须符合《中国绿色食品商标标志设计使用规范手册》的要求。

(3)绿色食品生产企业不能随意扩大绿色食品标志使用范围。

绿色食品标志在包装、标签或宣传广告中使用,只能用在许可使用的产品上。标志使用人不得任意扩大产品的使用范围。例如:某饮料生产企业产品有苹果汁、桃汁、橙汁等,其中仅苹果汁获得绿色食品标志使用权,则企业不能在桃汁、橙汁的包装上使用绿色食品标志,广告宣传中也不应用"某某果汁,绿色食品"之类的广告语,只能讲"某某苹果汁,绿色食品",以免给消费者造成误解。另外,在系列产品上,如某茶厂云雾绿茶获得标志使用权后,在未申报的银毫绿茶上使用绿色食品标志;在联营、合营厂的产品上,如山东省某奶粉厂生产的 A 牌奶粉获得标志使用权后,擅自在其河南省联营企业生产的 B 牌奶粉上使用绿色食品标志等,都是擅自扩大使用范围,是不允许的。

(4)标志使用人不得以任何形式将绿色食品标志使用权转让给其联营、合营企业或其他单位。

(5)标志使用人须严格履行"绿色食品标志许可使用合同",自授予使用权之日起开始每年按期缴纳标志使用费。

(6)标志使用人应接受绿色食品各级管理部门主办的绿色食品知识培训及相关业务培训。

(7)标志使用人应按中心及绿色食品委托管理机构的要求报告标志的使用情况。

(8)使用单位改变其生产条件、工艺、产品标准及注册商标前,须报经中心审核、备案。

(9)绿色食品标志使用证书有效期为三年。若欲到期后继续使用绿色食品标志,须在使用期满前三个月重新申报。未重新申报者,视为自动放弃使用权,收回绿色食品证书,并进行公告。

三、绿色食品标志防伪标签的使用

(一)绿色食品标志防伪标签的特点

绿色食品标志防伪标签采用了以造币技术中的网纹技术为核心的综合防伪技术。该防伪标签为纸制,便于粘贴。标签用绿色食品指定颜色,印有标志及产品编号,背景为各国货币通用的细密实线条纹图案,有采用荧光防伪技术的前中国绿色食品发展中心主任的亲笔签名字样。

该防伪标签还具有专用性,因标签上印有产品编号,所以每种标签只能用于一种产品上。中国绿色食品发展中心发挥了全国绿色食品的规模优势,大大降低了印制标签的成本,防伪标签价格十分合理。

防伪标签具有多种规格类型,为满足不同包装的需要,分为圆形(直径为 15mm、20mm、25mm、30mm 等)、长方形(52mm × 126mm)或按比例变化的任意规格。

(二)绿色食品标志防伪标签的作用

绿色食品防伪标签具有保护作用和监督作用。

防伪标签是绿色食品产品包装上必备的特征,既可防止企业非法使用绿色食品标志,也便于消费者识别,利用标签先进的防伪性能,避免市场假冒产品的出现。另外,中国绿色食品发展中心还利用发放防伪标签的数量,控制企业生产产量,避免企业取得标志使用权后,任意扩大产品使用范围及产量。

(三)绿色食品标志防伪标签的管理

(1)为了降低成本、严格管理,绿色食品标志防伪标签由中国绿色食品发展中心统一委托定点专业生产单位印刷。企业不得自行生产或从其他渠道获取防伪标签,也不可直接向中心委托的防伪标签生产企业定货。

(2)各企业根据其绿色食品生产计划及产品包装规格的需要,填写《绿色食品标志防伪标签需求计划表》,于需要使用前两个月报中心,中国绿色食品发展中心根据企业申报时的产量掌握一年内防伪标签的发放总量。企业在报表的同时,应向中国绿色食品发展中心缴纳相关费用。中心将生产任务通知单下达到防伪标签生产企业,并按企业需求时间发货。各企业收到货物应及时检验,若标签有质量或数量问题,须立即与绿色食品发展中心联系。

(四)绿色食品标志防伪标签的使用

(1)许可使用绿色食品标志的产品必须加贴绿色食品标志防伪标签。

(2)每种产品只能使用对应的防伪标签(印有该产品的编号)。

(3)防伪标签应贴于食品标签或包装正面显著位置,不能掩盖原有绿标、编号等绿色食品整体形象。防伪标签粘贴位置应固定,不能随意变化。

四、绿色食品标志使用权的中止和终止

《绿色食品标志管理办法》对绿色食品标志使用权的中止和终止做了详细规定:

(1)有下列情况之一的,中止标志使用人的标志使用权:

①由于不可抗拒的因素暂时丧失绿色食品生产条件的。

②标志使用人未按期缴纳标志使用费的。

③未规范使用和宣传绿色食品标志的。

(2)中止标志使用权的使用人,若条件恢复,经委托管理机构考察、中心审核许可后,方可重新使用绿色食品标志。

(3)有下列情况之一的,终止标志使用人的标志使用权:

①接到中心的中止通知后,不能做出相应改正措施的。

②凡违反本办法第五条及第四章规定的。

③标志使用人以书面方式表明主动放弃其使用权的。

④标志使用人未按要求向中心重新申报的。

⑤获得标志使用权后,半年没使用绿色食品标志的。

⑥未通过年审的。

⑦未经许可,擅自在其他产品上使用绿色食品标志的。

(4)凡产品质量下降,对绿色食品事业整体形象造成严重影响的,中心除取消其标志使用权外,并有权追究其经济赔偿责任和法律责任。

(5)中国绿色食品发展中心责成绿色食品委托管理机构收回已中止或终止绿色食品标志使用权的证书,并予以公告。

五、绿色食品标志管理的内容与形式

绿色食品标志管理,即依据绿色食品标志证明商标特定的法律属性,通过该标志商标的使用许可,衡量企业的生产过程及其产品的质量是否符合特定的绿色食品标准,并监督符合标准的企业严格执行绿色食品生产操作规程、正确使用绿色食品标志的过程。

(一)绿色食品标志管理的内容

绿色食品标志管理的内容从绿色食品产品被认定的时间上讲,绿色食品标志管理包括绿色食品产品的认定、认定后使用标志的管理两部分内容。绿色食品标志的使用许可过程,即对申请企业的产品能否称为绿色食品的认定过程,亦即依据绿色食品标准,对申请企业的产品进

行质量认证的过程。这一时期的标志管理,贯穿在产品质量认证申报的各个环节之中。

绿色食品标志认定后使用标志的管理包含两方面的内容,一是在出现质量问题时对使用标志的产品进行处理;二是对其他产品冒用或伪造绿色食品认证标志进行打击和处罚。

(二)绿色食品标志使用的监督管理方式

1. 年度抽检

中国绿色食品发展中心每年年初下达抽检任务,指定定点的食品检测机构、环境监测机构对企业使用标志的产品及其原料产地生态环境质量进行抽检,抽检不合格者限期整改或取消绿色食品标志使用权,并予以公告。

2. 绿色食品标志专职管理人员监督检查

绿色食品标志专职管理人员对所辖区域内绿色食品生产企业不定期进行监督检查,每年至少进行一次,将企业履行合同情况、种植(养殖)及加工等规程实施及标志许可使用情况向中心汇报。

3. 专职监督员队伍

监督员由绿色食品协会在全社会范围内组织,由熟悉绿色食品质量体系且与绿色食品生产及认证方无利益关系的专家担任。其职责是随时监督企业的生产条件变化情况与产品流通情况,并通过协会及时向中国绿色食品发展中心反馈信息。

4. 利用绿色食品标志防伪标签进行监督管理

按照绿色食品企业申报产量印制防伪标签,控制企业绿色食品产品生产、销售数量。

5. 国家行政管理部门监督

全国各级工商行政管理部门是监督注册商标使用情况的国家行政机构,监督管理网络完善,又具有查处、打击假冒注册商标行为的职能,是保护绿色食品商标最重要的力量。

6. 社会监督

社会监督包括:舆论、新闻媒体的监督,对绿色食品声誉影响极大;经营者之间的监督;绿色食品竞争对手的监督;消费者的监督。所有消费者对市场上的绿色食品都有监督的权利。消费者有权了解市场上绿色食品的真假,对有质量问题的产品向中心举报。

对绿色食品产品出现质量问题者,视情节轻重分别采取不同的处理措施。情节轻者给予警告通知,并责成企业整改,整改后抽查合格者,继续保留绿色食品标志使用权;整改不合格者,取消其使用权。情节严重者,直接取消其绿色食品标志使用权。

对侵犯绿色食品标志商标专用权的侵权人,中心、绿色食品委托管理机构、经公告的标志使用人及消费者都可以依据《中华人民共和国商标法》、《反不正当竞争法》、《消费者权益保护法》等向侵权人所在地或者侵权行为地县级以上工商行政管理部门要求处理,追究侵权人的法律责任,或者直接向人民法院起诉。

(三)绿色食品标志管理的特点

绿色食品标志管理有两大特点:一是依据标准认定;二是依据法律管理。所谓依据标准认定即把可能影响最终产品质量的生产全过程"从土地到餐桌"逐个环节制定出严格的量化标准,并按国际通行的质量认证程序检查其是否达标,确保认定本身的科学性、权威性和公正性。所谓依法管理,即依据国家《商标法》、《反不正当竞争法》、《广告法》、《产品质量法》等法规,切实规范生产者和经营者的行为,打击市场假冒伪劣现象,维护生产者、经营者的消费者的合法权益。

第四节 绿色食品产品检测与监督管理

一、绿色食品产品检测

(一)检测目的

绿色食品在国内外都已得到社会公众的关注和认可。为了保证绿色食品产品安全、营养和优质,必须依照《绿色食品管理办法》的规定,对绿色食品进行产品检验。根据绿色食品特定的检测项目及判定,确认其安全、优质、营养、无公害的内涵,向市场提供名副其实的绿色食品。另外,产品检验还是对绿色食品生产环境、加工过程是否符合要求的进一步确认,是必要的质量保证措施。它的重要性直接关系到绿色食品声誉的兴衰。因此,为保证绿色食品健康、持久地发展,委托一个科学、系统、可靠的质检机构进行产品检验是十分重要的。通过这样的检测,可以促进我国农业及食品加工业的稳定发展,开发出更多、更好的新产品,满足社会的需求和消费。

(二)检测机构

为了保证绿色食品检测数据结果具有科学性、公正性、权威性和可比性,农业部中国绿色食品发展中心在全国范围内指定了绿色食品质量监督检测机构,对本地区绿色食品产品质量进行监督与检测。这些检测部门均通过国家级计量认证和部级认可,因此在人员配备、技术装备、质量控制、实验室管理等方面,均能适应绿色食品质量检测的需要,可为促进绿色食品事业的顺利健康发展提供技术保障。

(三)检测程序

1. 抽样

检测机构凭绿色食品抽样通知单、抽样单进行抽样。新申报的产品在生产单位直接抽样,对复查产品还可在市场上或生产线抽取。抽样人员与被检单位当事人共同抽样,并在抽样单上签字、盖章,各执一份。抽取的样品立即装箱,贴上封条,由被检单位负责立即送至指定的绿色食品检测部门,同时带检验费和产品执行标准。对于绿色食品产品的复查,其检测费由中国绿色食品发展中心拨支。

抽样的方法随采样地点不同而异,在成品库要求按照国家标准 GB 10111—2008《随机数的产生及其在产品质量抽样检验中的应用程序》执行,使总体中每个个体被抽检的几率相等,而且简便、快捷;在生产上,则依据检测项目多少确定样品数量,然后根据每日产量、生产时间等因素抽取样品。一般的样品数量不少于4kg,个体数不少于4个。抽样量的多少取决于实验室检测项目的数量。在市场上抽样要注意样品保质期,一般要求距保质期三个月以上,并要求样品数尽可能覆盖较多的生产批次。

2. 样品的保存及制备

(1)保存。抽取的样品按要求进行登记,并根据样品种类要求或分架存放或冷藏冷冻,不得随意堆放。样品室要求洁净、通风、干燥,温度不低于20℃,并且要有所需的冷藏冷冻设备,以保证样品新鲜。要求样品保存期不得超过该食品的保质期,不得短于报告发出后的一个月。每份样品必须分为分析样、复检样和副样,分别占总样量的 1/4、1/4 和 1/2。

(2)制备。固体样品应取实验室样品重四倍以上的可食部分,按国际或行业标准进行均质化或破碎处理,其粉碎后的粒度需保证分析结果的相对误差小于5%,否则应减少粒度或加大取样量。对于液体或固液体样品,先摇匀后,立即启盖,吸取国际或行业标准规定的一定量作为实验室样品。

(四)检测内容

1. 包装

所有的绿色食品产品,其包装必须符合国家标准 GB 7718—2004《预包装食品标签通则》或 GB 13432—2004《预包装特殊膳食用食品标签通则》的规定,也可按全国食品工业标准化技术委员会编制的《各类预包装食品标签标注内容一览表》执行。其包装上印刷的绿色食品标志,其图形、字体、内容、颜色、位置、比例等,必须符合《绿色食品标志设计手册》有关要求。

另外,包装所用的材料、容器等必须无毒、无害,符合国家有关规定要求。对于不合格者,不再进行其他项目的检测。

2. 感官

感官检测均以国家标准、行业标准或企业标准为依据,对于感官检测不合格的漏袋、霉变、变色、异臭、异味、沉淀等样品,应判为不合格,也不再进行理化、微生物检测。

3. 理化指标

因样品的种类不同,检测指标的差异较大。但各产品均要求达到有关的国家标准、行业标准或企业标准所规定的内容要求,其中包括理化指标和卫生指标。另外,对一些食品还需要加测某些项目,如所有加工农产品加测防腐剂;所有加糖或加甜味剂加工产品加测甜味剂;所有显色加工农产品加测着色剂。对于某些食品检测时,添加剂可以酌情加测。

在对农产品检测时,对其理化指标按有关标准检测,农药残留则是主要的加测项目。农产品中的有毒、有害重金属含量也是农产品检测的主要项目,主要有砷、铅、镉、锌、硒、氟、汞等。对于有明显的致癌、致畸作用的黄曲霉素 B_1、3,4 – 苯并芘等,则是所有粮食、豆类、油料作物所必测的项目。

4. 微生物检测

许多产品需要做微生物检测。这些产品包括奶粉、豆粉、各种饮料、啤酒、矿泉水等。微生物检测是在无菌室中进行的,并用空白样校验。对于微生物检测不合格的产品,不能申报绿色食品,申报产品不得复检。

二、绿色食品产品监督管理

一般来说,绿色食品生产企业经过严格的质量认证程序之后,质量体系普遍比较健全,产品质量通常比较稳定,尤其是经过几次认证的企业,已在全体职工中建立起完善的绿色食品意识,企业管理层和职工能够随时掌握绿色食品生产操作规程的更新情况,并贯彻到生产中去,因此,绿色食品质量普遍有保证。

由于绿色食品是一个新生事物,加上我国市场经济体系还不健全、完善,绿色食品在发展过程中必然会出现一些不正常现象。如有的绿色食品企业对"一品一号"原则缺乏深刻认识,往往企业一种产品获得标志使用许可后,便对企业内生产的其他产品同时使用同一编号的标志。有的加工产品的非污染指标,诸如水分、净含量等不能稳定地达标。有些企业在获得标志使用许可后,不注重抓质量和管理,产品质量有所下降。因此,加强对绿色食品产品和市场的监督显得尤为重要。

随着绿色食品事业的深入发展,假冒伪劣绿色食品开始出现,盗用绿色食品的商标、包装屡见不鲜,严重损害了绿色食品企业的利益,扰乱了绿色食品的市场管理。

(一)假冒绿色食品的现状

市场上假冒绿色食品扰乱绿色食品标志形象和市场秩序的情况比较复杂,常见的有以下几种情况:

(1)部分企业和个人对绿色食品相关知识缺乏详细了解,无意中冒用了绿色食品标识。比如有的生产经营企业和个人只知道绿色食品是无污染的安全食品,并不了解使用绿色食品称谓和标志必须经专门认定和许可方可使用,仅凭自己的感性认识判定自己的产品无污染时,便轻率地冠以绿色食品名称或使用绿色食品标志进入市场,从而侵犯了中国绿色食品发展中心的商标专用权。

(2)个别企业和个人对绿色食品法规有较清楚的了解,却不愿意履行申请手续,而是抱着投机的心理耍手段欺骗消费者。如有的生产者或经营者宣称自己的产品经中国绿色食品发展中心认证,但并不使用"绿色食品"标志;有的使用"绿色食品"四字,却不使用标志图案;有的以"绿色食品"四字冠以生产企业名称,并配合模棱两可的广告语误导消费者。凡此种种都属不正当竞争的违法行为。

(3)更有甚者是知法犯法,有些生产者对绿色食品的详细要求很清楚,却故意将自己的产品假冒绿色食品,使用绿色食品标志、编号,谎称已通过中国绿色食品发展中心认证。

(二)打击和查处假冒绿色食品

对市场上假冒绿色食品的现象,中国绿色食品发展中心及其委托管理机构将配合各级工商行政管理部门给予坚决打击,由有关部门视情节轻重分别依法进行处理。

(1)根据《中华人民共和国商标法》的有关规定,凡有下列行为的均属侵犯注册商标专用权:

①未经注册商标所有人的许可,在同一种商品或者类似商品上使用与其注册商标相同或者近似商标的。

②销售明知是假冒注册商标的商品的。

③伪造、擅自制造他人注册商标标识或者销售伪造、擅自制造的注册商标标识的。

④给他人的注册商标专用权造成其他损害的。

(2)根据《中华人民共和国产品质量法》的规定,禁止伪造或者冒用认证标志、名优标志等质量标志;禁止伪造产品的产地,伪造或者冒用他人的厂名、厂址;禁止在生产、销售的产品中掺杂、掺假、以假充好、以次充好。

（3）根据《中华人民共和国反不正当竞争法》的规定，经营者不得以下列不正当手段从事市场变易，损害竞争对手：

①假冒他人注册商标。

②擅自使用知名商标特有的名称、包装、装潢，或者使用与知名商标近似的名称、包装、装潢，造成和他人的知名商标相混淆，使购买者误认为是该知名商标。

③擅自使用他人的企业名称，引人误认为是他人的商品。

④在商品上假造或者冒用认证标志、名优标志等质量标志，伪造产地，对商品质量作引人误解的虚假表示。

（4）根据以上法规和《绿色食品标志使用管理办法》的有关规定，对假冒绿色食品标志和产品的，可以请求工商行政管理机构处理，也可以直接向人民法院起诉。分别采取：

①假冒绿色食品注册商标，构成犯罪的，除赔偿被侵权人的损失外，还要依法追究刑事责任。

②伪造、擅自制造绿色食品注册商标标识，或者销售伪造、擅自制造绿色食品注册商标标识，构成犯罪的，除赔偿被侵权人的损失外，要依法追究刑事责任。

③销售明知是假冒绿色食品注册商标的商品，构成犯罪的，除赔偿被侵权人的损失外，要依法追究刑事责任。

第五节　绿色食品其他方面的认证与管理

一、绿色食品生产资料认定推荐管理办法

为了确保生产绿色食品所用生产资料的有效性、安全性，保障绿色食品的质量，中国绿色食品发展中心制定了《绿色食品生产资料认定推荐管理办法》。

(一)总则

（1）"绿色食品"是遵循可持续发展原则，按照特定的生产方式生产，经专门机构认定，许可使用绿色食品标志的无污染的安全、优质、营养类食品。

（2）"绿色食品生产资料"是指经中国绿色食品发展中心（以下简称"中心"）认定，符合绿色食品生产要求及相关标准的，被正式推荐用于绿色食品生产的生产资料。

绿色食品生产资料分为 AA 级绿色食品生产资料和 A 级绿色食品生产资料。AA 级绿色食品生产资料推荐用于所有绿色食品生产，A 级绿色食品生产资料仅推荐用于 A 级绿色食品生产。

（3）绿色食品生产资料涵盖农药、肥料、食品添加剂、饲料添加剂（或预混料）、兽药、包装材料、其他相关生产资料。

(二)绿色食品生产资料的申请

（1）凡具有法人资格生产上述第三条所述产品的企业，均可作为申请企业。

（2）凡申请的生产资料必须同时具备下列条件：

①经国家有关部门检验登记，允许生产、销售的产品。

②保护或促进使用对象的生长,或有利于保护或提高产品的品质。

③不造成使用对象产生和积累有害物质,不影响人体健康。

④对生态环境无不良影响。

(3)申请程序

①申请企业向所在省(市、自治区)绿色食品委托管理机构(以下简称"绿办")或直接向中心提出申请,填写《绿色食品生产资料认定推荐申请书》(一式两份),并提交有关资料。

②绿办对申报材料进行初审,初审合格者,将申报材料报送中心。

③中心收到申报材料后,组织专家审查,审查合格者,中心派人或委托绿办对申请企业进行考察和抽样,并将样品寄送中心指定的检测机构检测。

④中心对考察和检测结果进行审核。合格者,由中心与其签订协议,颁发推荐证书,并发布公告。不合格者,在其不合格部分做出相应改进前,不再受理其申请。

(4)绿色食品生产资料实行统一编号,编号形式为:

LSSZ	XX	XX	XX	XX	XX	XX
绿色食品生产资料	产品分类	批准年份	国家代号	地区代号	产品序号	产品分级

(三)被推荐的绿色食品生产资料的管理

(1)在绿色食品生产资料产品的包装标签的左上方,必须标明"X(A或AA)级绿色食品生产资料"、"中国绿色食品发展中心认定推荐使用"字样及统一编号,并加贴中心统一的防伪标签。

(2)绿色食品生产资料的申报单位须履行与中心签订的协议,不得将推荐证书用于被推荐产品以外的产品,亦不得以任何方式许可其联营、合营企业产品或他人产品享用该证书及推荐资格,并按时交纳有关费用。

(3)凡外包装、名称、商标发生变更的产品,须提前将变更情况报中心备案。

(4)绿色食品生产资料自批准之日起,三年有效,并实行年审制。要求第三年到期后继续推荐其产品的企业,须在有期满前九十天内重新提出申请,未重新申请者,视为自动放弃被推荐的资历格,原推荐证书过期作废,企业不得在原被推荐产品上继续使用原包装标签。

(5)未经中心认定推荐或认定有效期已过或未通过年审的产品,任何单位或个人不得在其包装标签上或广告宣传中使用"绿色食品生产资料"、"中国绿色食品发展中心认定推荐"等字样或词语,擅自使用者,将追究其法律责任。

(6)取得推荐产品资格的生产企业在推荐有效期内,应接受中心指定的检测单位对其被推荐的产品进行质量抽检。

(7)绿色食品生产资料认定推荐工作由中心统一进行,任何单位、组织均不得以任何形式直接或变相进行绿色食品生产资料的认定、推荐活动。

(8)《绿色食品生产资料认定推荐申请书》由中心统一印制。

二、绿色食品企业年度检查工作规范

绿色食品企业年度检查工作是绿色食品标志管理的综合手段和总抓手。为了规范绿色食

111

品企业年度检查(以下简称年检)工作,加强对绿色食品企业产品质量和绿色食品标志使用的监督管理,根据《商标法》和《绿色食品标志管理办法》,制定本规范。

年检是指各地方绿色食品管理机构(以下简称省级绿办)组织对辖区内获得绿色食品标志使用权的企业在一个标志使用年度内的绿色食品生产经营活动、产品质量及标志使用行为实施的监督、检查、考核、评定等。

(一)年检的组织实施

(1)年检工作由省级绿办负责组织实施和执行。

(2)省级绿办应根据本地区的实际情况,制定年检工作实施办法,并报中国绿色食品发展中心(以下简称中心)备案。

(3)省级绿办应建立完整的年检工作档案。年检档案至少保存六年。

(4)中心对各地年检工作进行督导、检查。

(二)年检内容

(1)年检的主要内容包括企业的产品质量及其控制体系状况、规范使用绿色食品标志情况和按规定缴纳标志使用费情况等。

(2)产品质量控制体系状况,主要检查以下方面:

①绿色食品种植(养殖)地和原料产地的环境质量、基地范围、生产组织结构及农户构成等情况。

②企业的绿色食品管理机构设置及运行情况。

③生产资料等投入品的采购、使用、保管制度及其执行情况。

④绿色食品原料和生产资料的使用及其购销合同的执行情况。

⑤绿色食品与非绿色食品的防混控制措施及落实情况。

⑥种植(养殖)及加工的生产操作规程和绿色食品标准执行情况。

⑦产品在采收、贮藏、运输过程中防止二次污染,防虫、防鼠、防潮的措施及其执行情况。

(3)规范使用绿色食品标志情况,主要检查以下方面:

①是否按照认证核准的产品品种、数量使用绿色食品标志。

②是否违规超期使用绿色食品标志。

③产品包装设计和印制是否符合国家有关食品包装标签标准和《绿色食品商标标志设计使用规范》要求。

(4)企业交纳标志使用费情况,主要检查以下方面:

①是否按照《绿色食品认证及标志使用收费管理办法》和《绿色食品标志商标使用许可合同》的规定按时足额缴纳标志使用费。

②标志使用费的减免是否有中心批准的文件依据。

(5)其他应检查的主要内容:

①企业的法人主体、地址、商标及法人代表等变更情况。

②接受国家食品质量安全监督部门和行业管理部门的产品质量监督检验情况。

③具备生产经营的法定条件和资质情况;是否违反有关规定受到有关行政管理部门的处罚。

④进行重大技术改造和"三废"治理情况。

（三）年检结论处理

（1）省级绿办根据年度检查结果以及国家食品质量安全监督部门和行业管理部门抽查检查结果,依据绿色食品管理相关规定,作出年检合格、整改、不合格结论,并通知企业。

（2）年检结论为整改的企业必须于接到通知之日起一个月内完成整改,并将整改措施和结果报告省级绿办。省级绿办应及时组织整改验收并做出结论。验收不合格的应及时报请中心取消其标志使用权。

（3）年检结论为不合格的企业,省级绿办应直接报请中心取消其标志使用权。

（4）企业的绿色食品标志使用年度为第三年的,其续展认证检查取代年检,未提出续展申请的,其标志许可期满后不得使用绿色食品标志。

（5）企业因改制、兼并、倒闭、转产等丧失绿色食品标志使用的主体资格或绿色食品生产条件的,应视为自动放弃绿色食品标志使用权,省级绿办及时报请中心处理;企业的名称、商标、绿色食品产品名称、核准产量等发生变更的,省级绿办应督促并指导企业及时向中心办理相应变更手续。

（四）复议和仲裁

（1）企业对年检结论如有异议,可在接到通知之日起十五个工作日内,向省级绿办书面提出复议申请或直接向中心申请仲裁,但不可同时申请复议和仲裁。

（2）省级绿办应于接到复议申请十五个工作日内做出复议结论;中心应于接到仲裁申请三十个工作日内做出仲裁决定。

（五）核准证书

（1）年检合格后,省级绿办应进行证书核准,未经核准的证书视为无效。

（2）年检合格的企业应于标志年度使用期满前向省级绿办申请核准证书。

（3）省级绿办应在收到企业申请后五个工作日内完成核准程序,并在合格产品证书上加盖"年检合格章"。

（4）省级绿办应指定专人负责保管年检章。加盖年检章必须经年检主管部门审核,并经省级绿办分管领导核准。

（5）省级绿办应于每年 12 月 10 日前,将本年度年检工作总结和《核准证书登记表》电子版报中心备案。

三、绿色食品生产基地的认证与管理

中国绿色食品发展中心根据一定标准认定具有一定生产规模、生产设施条件及技术保证措施的食品生产企业或行政区域为绿色食品基地。绿色食品生产企业按规定的有关程序提出申请,经中国绿色食品发展中心批准后,方可成为绿色食品基地。

（一）建立绿色食品生产基地的目的及分类

建立绿色食品生产基地的目的是为规范绿色食品基地建设,促进绿色食品开发向专业化、规格化、系列化发展,形成产供销一体化、种养加工一条龙经营格局,确保绿色食品产品的质量和信誉。

根据产品类别不同,绿色食品基地分为绿色食品原料生产基地、绿色食品加工品生产基地和绿色食品综合生产基地三种。

(二)绿色食品基地标准

1. 绿色食品原料生产基地

(1)绿色食品须为该企业的主导产品,其产值或种养规模应占企业农业产值或总种养规模的60%以上。

(2)必须具备完善的绿色食品生产管理机构,并制定出相应的管理技术措施和规章制度。

①种植类企业须制定作物病虫害防治措施、杂草防治措施、轮作计划、肥料计划、农药使用计划、仓库卫生措施。

②养殖类企业须制定疫病防治措施、饲料检验措施(含饮用水)、圈舍清洁措施。

③以上两类企业还必须建立严格的档案制度(详细记录绿色食品生产情况、生产资料购买使用情况、病虫害发生处置情况等)、检查制度。

(3)一种或一种以上的绿色食品产品须达到如表6-3所示的生产规模。

表6-3 绿色食品产品基地必须达到的生产规模

产品类别	生产规模	说　明
粮食、大豆类	年产1万吨(或2万亩以上)	因地域、品种差异,此栏中三类产品规模可适当调整
蔬菜	大田1000亩以上(或保护地200以上)	
水果	年产3000吨以上(或5000亩以上)	
茶叶	年产干毛茶300吨以上(或5000亩以上)	
杂粮	年产250吨以上(或5000亩以上)	
蛋鸡	年存栏15万只以上	
蛋鸭	年存栏5万只以上	
肉鸡	年屠宰加工150万只以上	
肉鸭	年屠宰加工50万只以上	
奶牛	成乳牛存栏数400头以上	单产4000千克/(年·头)以上为成乳牛
肉牛	年出栏数2000头以上	
猪	年出栏数5000头以上	
羊	年存栏1万头以上	
淡水养殖	养殖面积5万亩以上或精养鱼塘500亩以上	养池塘面积包括鱼池、种池

(4)接受绿色食品知识培训的专业技术人员应占职工人数的5%以上。

(5)必须具备相对独立的生态环境,并采取行之有效的环境保护措施,使该环境维持稳定的良好状态。

(6)必须具备完善配套的生产设施和机械,保证稳定的生产规模,有抵御一般自然灾害的能力。

2. 绿色食品加工品生产基地

（1）绿色食品加工品必须为该企业的主导产品,其产量或产值占该加工企业总产量或总产值的 60% 以上。

（2）达到大中型企业规模(以资产衡量)。

3. 绿色食品综合生产基地

应同时具有绿色食品原料产品及绿色食品加工产品,并同时符合绿色食品原料生产基地和绿色食品加工品生产基地的标准。

(三)绿色食品基地申请程序

凡符合绿色食品基地标准的企业,出于自愿申请作为绿色食品基地的,均可作为绿色食品基地的申请人。具体申请程序为:

（1）申请人向中国绿色食品发展中心或所在省、自治区、直辖市绿色食品办公室领取申请表格。

（2）申请人按要求填写《绿色食品基地申请书》,报所在省(区、市)绿色食品办公室。

（3）由各省(区、市)绿色食品办公室派专人赴申报企业实地调查,核实企业的生产规模、管理、环境及质量控制情况,写出正式考察报告。

（4）以上材料一式两份,由各省(区、市)绿色食品办公室初审后,写出推荐意见,报中国绿色食品发展中心审核。

（5）由中国绿色食品发展中心派专人到申请企业进行实地考察。

（6）由中国绿色食品发展中心对申请企业进行终审后,与符合绿色食品基地标准的企业签订《绿色食品基地协议书》,然后向符合绿色食品原料生产基地和绿色食品加工品生产基地标准的企业颁发绿色食品专项产品基地证书和牌匾,向符合绿色食品综合生产基地标准的企业颁发综合基地证书和牌匾,同时予以公告。对申报不合格的单位,当年不再受理其申请。

(四)绿色食品基地的管理

（1）绿色食品标志在基地的使用范围限于以下几方面:经过认证的绿色食品产品;建筑物内外挂贴性装潢;广告、宣传品、办公用品、运输工具、小礼物等;通用包装品(不针对某一种特定商品的包装品)。

（2）绿色食品标志不得用于该企业所生产的任何其他商品上。

（3）绿色食品基地必须严格履行"绿色食品基地协议"。

（4）由于各种因素丧失绿色食品生产条件的,生产者必须在一个月报告当地绿色食品管理机构和中国绿色食品发展中心,办理终止或暂时停止使用绿色食品标志手续。

（5）绿色食品基地自批准之日起六年有效。到期要求继续作为绿色食品基地的,须在有效期满前半年内重新申报,逾期未将重新申报材料递交中国绿色食品发展中心的,视为自动放弃标志使用权。

（6）在有效期内,绿色食品基地应接受中国绿色食品发展中心及委托管理机构对其标志使用及生产条件进行监督、检查。检查不合格的限期整改,整改后仍不合格的由中国绿色食品发展中心撤销其绿色食品基地。在使用期限内不再受理其申请。造成损失的,责其赔偿损失。自动放弃绿色食品基地或基地被撤销的,由中国绿色食品发展中心公告于众。

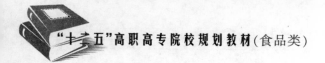

（7）未经中国绿色食品发展中心批准，不得将绿色食品基地证书及牌匾转让给其他单位或个人。凡擅自转让者，一经发现，由工商管理部门依法处罚。

 思 考 题

1. 我国绿色食品管理体系是怎样构成的，各个管理机构的职能分别是什么？
2. 简述绿色食品认证程序。
3. 阐述绿色食品认证的申报原则和绿色食品认证的产品范围及申请人条件。
4. 试述绿色食品标志管理的内容、管理方式及特点。
5. 绿色食品企业为什么要进行年检？怎样对年检结果进行处理？
6. 如何加强绿色食品基地建设与管理？

第七章　绿色食品销售与贸易

第一节　绿色食品消费及其贸易形式

一、绿色食品消费

（一）经济发展与绿色食品消费

随着生活水平的提高和消费观念的转变，以及环境污染和资源破坏等问题的日益严峻，有利于人们健康的无污染、安全、优质营养的绿色食品已成为时尚，越来越受到人们的青睐。开发绿色食品已具备了深厚的市场消费基础。绿色食品销售额资料显示，世界各国对常规食品供应的信任度呈下降趋势，而对绿色食品需求的增加速度已经比供应量增长速度快。日本有91.6%的消费者对有机蔬菜感兴趣，77%的美国人和40%的欧洲人喜爱绿色食品。由于绿色食品的生产具有劳动密集、多种经营等特点，发达国家绿色食品的生产受到一定程度的限制，有些国家在总量上已经出现严重短缺问题，目前德国、英国绝大部分绿色食品依靠进口，进口量已分别占国内消费量的98%和80%。

世界绿色食品消费地主要集中在西欧各发达国家，消费量占全部绿色产品的3/4，北美和东亚地区的消费量也与日俱增。据报道，目前绿色食品消费总量已达2500亿美元，未来10年，国际绿色贸易将以12%～15%的速度增长。47%的欧洲人更喜欢购买绿色食品，其中67%的荷兰人，80%的德国人在购买时考虑环境因素。

在中国国内市场，绿色食品也受到广泛的欢迎，绿色食品满足了人们对生活转型的需要。有关部门对北京、上海两个城市调查表明，79%～84%的消费者希望购买无公害的绿色食品。82.3%的消费者希望能够消费到绿色食品，其中有65%的消费者表示曾经购买过绿色食品。据权威机构预测，全国绿色食品的消费需求和利润都将以每年20%的速度增长。

（二）绿色食品的消费结构

我国目前已开发的绿色食品已涵盖了农产品分类标准的七大类29个分类，主要包括：粮油、果品、蔬菜、畜禽蛋奶、水海产品、酒类、饮料等；其中农产品及其加工品占57.1%、畜禽类产品占14.2%、水产类产品占5.8%、饮品类产品占16.4%、其他产品占6.5%。

（三）绿色食品的消费群体

要让绿色食品能顺利地进入消费市场，并使之成为社会潮流，首先要选择好绿色食品的目标市场或消费者群。

1. 收入较高、经济条件相对富裕的阶层

消费者月收入水平越高，消费者对安全食品的消费倾向越高。一般而言，随着消费者收入水平的提高，其对身体健康的关注度会增强，因此更倾向于消费安全、健康的食品，并且有意愿为安全、健康食品支付一定程度的溢价。在低收入水平的家庭中,消费者倾向于将有限的收入用于普通食品的支出。对食品的安全、营养等因素关注度较低。在这样的收入水平下,消费者的生存需求还没有得到充分的满足或者刚刚满足,消费者并不会刻意选择消费绿色食品,对食品消费主要是以实惠为主。在收入水平较高的家庭中,收入在解决消费者基本生存需要的情况下已有很大的剩余,消费者在食品消费上开始对自身健康、安全、营养等方面提出更高的要求,潜在的绿色食品消费需求越来越多地向现实的绿色食品消费需求转化。

2. 受教育程度较高的知识阶层

一般来说,消费者受教育程度越高,对健康的关注程度越高,其对自身的保护意识也就相对越高,对安全食品的关注度越强,就更倾向于购买绿色食品。受教育程度较高的消费者对绿色食品了解程度较高,在选择食品时对食品是否获得安全认证比较关注,并且能正确选择绿色食品认证标志。而受教育程度较低的消费者,对绿色食品认知水平较低,在选择食品时对其是否获得安全认证关注程度较低。

3. 婴幼儿是消费有机食品的主要对象

婴幼儿家庭在食品消费过程中更加重视安全、健康食品的消费。由于中国家庭观念的特点及其影响,怀孕期的妇女和处于成长时期的儿童,对食品安全的关注度高,消费者在购买时把食品安全、健康作为选择的首要因素。

4. 年轻人成为消费有机和绿色食品的主体

年轻的消费者较年长的消费者更倾向于购买绿色食品。这可能由于中老年人收入水平大部分处于较低水平,而年轻的收入相对稳定、丰厚,具备消费绿色食品的经济实力。同时,青年人主要出于追求时尚的目的,对信息的接受能力较强,能够通过网络、电视、报刊等媒体获得食品安全的信息。

因此,可以说,在目前和相当一段时间内,营养品和儿童食品将成为中国市场上绿色食品的主体。综合以上分析,我们认为,我国绿色食品的发展,应该从营养品和儿童食品入手,并以此作为突破口,把知识分子作为重点目标,逐步向中高收入的青年消费群体扩展,使我国的绿色食品市场不断发展壮大并成熟起来。在此基础上,在广大消费者心目中,树立起绿色食品——"小康、环保与健康"的绿色消费理念和环保企业的社会形象。

(四)消费者购买绿色食品的主要原因

1. 健康原因

对自己和家庭更健康、更安全。人们对健康的关注程度越来越高,购买绿色、有机食品消费者越来越多,健康绿色食品成为消费购物的时尚。2011 年 1 月 20 日,在举办的"国食名品年货节"的活动中,绿色食品就占了 80%,有机食品约占 20%。

品质好、新鲜、口味好。消费者富于激情,渴望变化,以追求绿色食品的时尚和新潮为主要倾向的购买动机。

对常规食品的不信任。消费者希望产品消费带来的结果是稳定、有秩序、有利于身体健康,绿色食品的本质和特点符合这类消费者的心理特征。

2. 环境原因

(1)保护野生动物。

(2)可持续的生产方法。

绿色食品是无污染的营养类食品,它必须有良好的生态环境和严格的人为污染控制因素作为保证。

3. 伦理原因

（1）动物辐射。

（2）支持当地小生产者。

（五）限制消费者购买有机食品的因素

1. 价格因素

绿色食品主打健康品牌,从产地、种植（养殖）、加工到包装运输,有全方位的健康保障,吸引力巨大,尤其是食品安全问题频发的现在。但由于在生产过程中限制或者禁止使用农药等人工合成物质,限制转基因等某些先进农业科技的应用,导致产量下降,加上认证、加工、贮藏、检验、包装等各环节的特殊要求,绿色食品生产和管理的成本要高于普通产品,造成绿色食品价位较高。市场上,绿色食品比一般食品的价格高出几倍,甚至近十倍,这就使大多数消费者望而却步。

2. 大众认可程度不够

据一项调查显示,人们对"绿色食品"这个名词的认知度较高,但多数人对绿色食品缺乏进一步的了解。据中国社会调查事务所（SSIC）于1998年7月中旬组织的调查,有76.4%的公众听说过绿色食品,但能大体说出绿色食品概念的仅有34.5%,大多数人对绿色食品的概念还仅仅停留在对蔬菜的认识上,买过绿色食品的仅有21.7%。所以引导消费者充分认识了解绿色食品及其对保护生态环境、促进人体健康等方面的作用是现阶段的工作重点,从而促使消费者自觉购买、使用绿色产品,把潜在需求变成有效需求。

3. 有机食品的流通渠道不畅

目前,中国绿色食品进入市场的程度还相当低,其中一个很重要的原因就是绿色食品流通渠道系统不健全,绿色食品进入市场存在障碍,市场的认知程度较低。当前绿色食品商业流通的专业化水平还很低,全国仅北京、上海、天津、哈尔滨等少数大城市建有绿色食品专门零售商店,其他地区绿色食品与普通食品混售,不便于消费者选购。

4. 知名度不高,缺乏足够的信息和强有力的促销和宣传活动

消费者对绿色食品还不熟悉、不了解,使绿色食品成为我国巨大的消费潜力,未能形成现实意义上的有效需求。

（六）绿色食品和无污染农产品在生产管理中存在问题

在生产上还存在诸如抗生素和激素残留、绿色食品生产不完整和质量保证体系不健全等问题。

（七）促进绿色食品和有机食品消费的措施

1. 培养公众的绿色和有机农产品发展观念

通过宣传来培养公众的绿色食品发展观念。在内容上,要宣传绿色食品无污染、安全、营养、优质的特性,强调绿色食品在保护农业生态环境、保障人类健康、促进农业和农村经济发展方面的重要意义。在营销对策上,要通过 CIS 设计来提高绿色食品的宣传效应,在理念识别

(MI)、行为识别(BI)、视觉识别(VI)设计中贯之以绿色食品思想,辅之以环境保护行为,给人以强烈的视觉冲击,传播绿色文化,烘托出绿色食品消费氛围。通过普及绿色食品消费观念和知识,使消费者熟悉绿色食品的涵义、特性、标志、标识,转变人们的消费观念,使更多消费者认识绿色食品对保障身体健康、保护农业生态环境的重要意义,形成自觉的绿色食品消费意识。

2. 提高消费者的环境保护意识

研究发现,消费只有融入了保护环境、崇尚自然,才能促进人类社会可持续发展的先进消费理念,所以,要采取切实有效的措施,开展多层次的绿色食品宣传教育,引导绿色食品消费潮流,启动绿色食品消费市场。

3. 扩大销售量,降低生产成本

一是面向市场,追求高质量、高效益,使绿色食品产业结构适应市场的变化;二是因地制宜,发挥优势,寻找地域、季节差异,突出重点,发展具有自身特点的"名特优新"产品,培育一批名牌农产品作为绿色食品进入市场。

4. 加强流通渠道

重点加强绿色食品渠道系统的建立与管理,从占领国内外市场或全球市场的视野来规划和构建我国绿色食品的流通渠道网络:

(1)考虑到我国绿色食品目标消费者的心理、行为特点和不同种类绿色食品的产销要求,可以选择短渠道与长渠道、宽渠道与窄渠道相结合的多渠道系统来组织绿色食品的流通。这是由于短而窄的渠道(如专卖店和门市部)更有利于直接接触消费者,引导绿色食品的消费需求,帮助宣传绿色食品与人类健康、环境保护的关系,也更有针对性地解决消费者对质量、价格、使用等方面的若干疑问,促进绿色食品为社会所认同;长而宽的渠道(如连锁店和超市)能有效地解决绿色食品的普及性问题,扩大市场占有率和覆盖面。

(2)从强化我国绿色食品出口的要求出发,适应国际环境保护的趋势建立一种以贸易为向导的工贸结合型大型流通企业。如可以充分利用我国某些特有的资源条件(优质的淡水湖泊、有特殊土壤和地理条件的山地、丘陵等),因地制宜地进行绿色食品的开发生产(如湖北洪湖建立的蓝田集团,就是利用了洪湖优质的野生莲藕资源,开发、生产独具特色的绿色食品),并面向国内外两类市场建立流通渠道,适应不同市场的要求。还可考虑利用国外代理商帮助进入国际大型超级市场或连锁店等。

(3)在构架绿色食品流通渠道系统时,走专业化与大众化相结合的道路。可以设想,在一个相对较短的时间内,以门市部和专卖店为主的流通渠道,主要面向某些特定的绿色食品消费群体(如高收入阶层和有绿色意识的知识群体),通过特定的价格和服务,树立绿色食品及其企业的品牌与市场形象,并逐步影响大众消费者。经过一段时间的品牌宣传和人际传播,再进一步将绿色食品推向大众市场,建立以连锁店和超级市场为主的渠道系统。在绿色食品的生产成本下降、消费者普遍知晓和促销宣传力度减小的情况下,其销售价格将逐步降低,使更多的消费者接受绿色食品。

5. 加强有机食品的质量管理和体制保障

要强化绿色食品的品牌意识,建立绿色食品品牌和名牌战略。一方面,要让公众了解、认识绿色食品,增强绿色食品意识。在我国人民生活和消费水平不断提高、消费结构有很大变化的前提下,可通过绿色食品与非绿色食品的对比分析,使广大消费者加强对非绿色食品的危害及其严重性的认识,从而增强环境保护和绿色消费意识;另一方面,必须加强对绿色食品知识的宣传、普及和推广,使广大消费者深刻意识到,绿色食品的确是安全与健康的必需品。

同时,从政府和生产经营企业两个不同层面树立绿色食品品牌形象。从政府角度讲,应把绿色食品产业的发展作为一项重要的经济工程来抓,从利国、利民和促进地方及企业经济发展的高度去积极发展绿色食品产业与开拓绿色食品市场;在资金、税收政策和制度等其他方面给予优惠和帮助引导。从企业角度讲,则需要通过市场开拓和产品质量、技术保证,尤其是通过ISO 14000环境管理标准认证和"绿色食品"认证等形式扩大市场。

二、绿色食品的贸易形式和特点

(1)零售贸易的形式。零售贸易是指向最终消费者个人或社会集团出售绿色食品及相关服务,以供其最终消费之用的全部贸易活动。其形式主要有百货商店、专业商店、超级市场、便利商店、折扣商店、仓储商店等。

(2)直销形式。对于一些易腐烂变质或丧失鲜活性的绿色食品,如蔬菜、水果等要尽置缩短流通渠道,可以采取直销方式。这样既可以避免产品腐烂变质,又可以减少环境污染。现在,有些大中城市出现配送包月菜的形式,可以借鉴。通过直销绿色食品蔬菜,既减少了流通环节,避免了污染;又降低价格,扩大市场销售量。

(3)天然食品商店或食品合作社。

(4)传统健康食品店。

(5)普通杂货店和超市零售。

(6)展销会和食品博览会。

第二节 绿色食品的国内销售和贸易

一、我国绿色食品的生产

2010年是绿色食品事业创立20周年,全国绿色食品继续保持平稳、健康发展。全年新发展绿色食品企业2526家,产品6437个,分别比2009年同期增长6.4%和3.9%。全国累计有效使用绿色食品标志的企业总数为6391家,产品总数为16748个,分别比2009年同期增长5.1%和4.4%。绿色食品产品抽检合格率为99.2%,产品质量保持稳定、可靠。

绿色食品粮油、蔬菜、水果、茶叶、畜禽、水产等主要产品产量占全国同类产品总量的比重不断提高,产品结构不断优化。目前,在绿色食品产品结构中,农林及加工产品占65%,畜禽产品占8.9%,水产品占4.7%,饮料产品占12.8%,其他类产品占8.6%。在绿色食品企业中,国家级农业产业化龙头企业有239家,省级龙头企业有1194家。另外,还有886家农民专业合作社通过绿色食品认证。2010年,绿色食品产品国内年销售额2823.8亿元,出口额23.1亿美元。绿色食品产地环境监测面积达到2.4亿亩。

2010年,全国已有340个单位(1个地市州、262个县、44个农场)创建了479个绿色食品原料标准化生产基地,种植面积1亿多亩,总产量6547万吨,基地带动农户1686万个农户,对接龙头企业1256家,每年直接增加农民收入在8.4亿元以上。

近年来,我国绿色食品生产、出口数额及出口企业个数呈不断增长趋势。另外,我国绿色食品出口产品结构更加合理,农林产品及其加工产品所占比重较大,如表7-1、表7-2所示。

表 7-1　2005~2010 年全国绿色食品发展情况

年份	企业总数/个	产品总数/个	年销售额/亿元	出口/万美元	监测面积/万亩
2005	3695	9728	1030	162000	9800
2006	4615	12868	1500	195000	15000
2007	5740	15238	1929	214000	23000
2008	6176	17512	2597	232000	25000
2009	6003	15707	3162	216000	24800
2010	6391	16748	2823.8	231000	24000

表 7-2　2005~2010 年全国绿色食品产品结构

产品类别	农林及加工产品	畜禽类产品	水产类产品	饮品类产品	其他产品
2005	5558	1380	567	1596	627
2006	7555	1656	797	1953	907
2007	9068	1741	931	2319	1179
2008	10659	1894	1021	2481	1457
2009	9855	1630	736	2086	1400
2010	10889	1488	787	2140	1444

二、我国绿色食品的市场培育

(1)开拓国际市场,拉动国内绿色消费市场;
(2)开发各地名优特产;
(3)积极建设消费者参与式的市场体系;
(4)改善绿色食品的销售渠道;
(5)提高绿色食品的消费意识。

三、我国绿色食品的对外贸易

我国从 1990 年开始发展并正式出口绿色食品,并于 2000 年发布绿色食品 AA 级和 A 级标准,其中 AA 级绿色食品相当于国际上的有机食品,为此政府采取了一系列措施,扩大了绿色食品的对外交流与合作以及中国绿色食品在国际上的影响,为绿色食品出口创汇创造了一个良好的外部环境。我国的绿色食品主要用于出口,出口市场遍及日、韩、俄、欧盟、美、加拿大等国家和地区,显示了较强的市场竞争力。

从绿色食品出口结构上来说,我国绿色食品产品出口现已形成了以粮油类、畜禽蛋奶类、蔬菜类、饮品类为主,各类初级、加工产品均有出口的基本格局。另外也应看到,目前出口的绿色食品主要以 AA 级绿色食品为主,而占绝对数量的 A 级绿色食品由于允许施用农用化学品而难以被国外视为有机食品接受,致使我国 A 级绿色食品还不能很顺利地走向国际市场,出口较少。

从绿色食品出口区域结构上来说,绿色食品出口企业主要集中在沿海地区和东北三省。

其中又以山东和黑龙江绿色食品出口规模最大,两省绿色食品出口量之和占全国绿色食品出口总量的一半以上。黑龙江、河北、山东、内蒙古、江西、福建、云南等省的一些地方已成为稳定的 AA 级绿色食品出口基地,其规模还在继续稳步扩大。

2002～2008 年我国绿色食品认证企业和产品年均增长速度分别达到了 15% 和 21.5%,高于同期我国 GDP 的增长速度,为高速发展时期。

据农业部在第 10 届中国绿色食品博览会上提供的材料,截至 2009 年 9 月底,全国绿色食品企业共 6489 家,产品总数 17899 个。绿色食品标志作为中国第一例质量证明商标,现已分别在日本、香港、美国、俄罗斯、英国、法国、葡萄牙、芬兰等国家和地区注册,澳大利亚和新加坡的注册也已进入实质性审核阶段。

第三节　绿色食品的国际贸易

随着时代的发展,国际经济一体化运动方兴未艾,关税削减取得显著成效,国际贸易自由化的趋势日渐明显。同时,随着人类社会环保意识的不断增强,要求将经济贸易与环境保护结合起来的呼声也越来越高。在这种趋势之下,国际贸易中的保护措施发生了较大变化,传统的关税壁垒和非关税壁垒被逐步取消,而保障食物安全的绿色壁垒却正在筑高,已成为当今国际贸易中最隐蔽、最难对付的一种贸易壁垒。

加入世界贸易组织(WTO)以后,我国农产品在国际贸易中的最大障碍将不再是关税及传统的非关税壁垒,而是部分国家和地区为保护自身利益而设置的绿色壁垒。而发展绿色食品对外贸易,对于突破国外"绿色贸易壁垒"(以下简称"绿色壁垒"),提高我国农产品的国际竞争力和国际市场占有率,促进我国农村经济发展和农民增收都具有非常重要的意义。

一、绿色壁垒的内涵

绿色壁垒又称环境壁垒或生态壁垒,是指进口国政府以保护生态环境、自然资源和人类健康为由,以限制进口保护贸易为目的,通过颁布复杂多样的环保法规、条例,建立严格的环境技术标准和产品包装要求,建立繁琐的检验认证和审批制度,以及征收环境进口税方式对进口产品设置的一种非关税壁垒。

二、绿色壁垒兴起的原因

自重商主义以来,国际贸易保护主义从未间断过。在相当长历史时期里,贸易保护通过征收和提高关税来实现。例如,当欧洲大陆 18 世纪风行自由贸易时,美国举起贸易保护大旗,于 1798 年公布了《关税法》,对进口工业制成品征收关税,平均为 8.5%。1828 年,为保护幼稚工业,美国通过新的《关税法》,将平均关税率提高到 45%,使该法成为贸易保护主义的代表作。后来,平均关税率虽有下降,但仍稳定在 30% 左右。1913～1930 年美国再次掀起贸易保护主义高潮,尤其是 1930 年公布了《斯穆特·霍利关税法》,平均关税率高达 53%,达到了美国关税史上的最高纪录。随着美国经济实力的提高,贸易保护阻碍了其经济的发展,自由贸易思想由此在美国抬头,保护主义受到限制。1934 年美国公布了《互惠贸易协定法》,授权总统处理关税减让问题。1947～1948 年间,美国对其进行了修改,增加了一些新的限制条款,如当进口商品威胁国内产业时,总统有权撤销或修改已做出的关税减让承诺等。

　　第二次世界大战后,世界政治经济分化重组,美国成为世界经济霸主。贸易保护已成为其控制世界市场的障碍。因此,它一反常态,竭力鼓吹自由贸易思想,大力削减关税保护,到1962年其平均关税率已降为12.3%。与此同时,它推动由其控制的关贸总协定进行以削减各国关税为目标的多边谈判。经过"肯尼迪回合"(1967~1974年)、"东京回合"(1974~1979年)的谈判,美国的平均关税率降为4.3%,日本的平均关税率降为2.5%。由此发达国家几次发生经济危机,发展中国家也于70年代两次拿起石油武器来维护自身利益,世界经济高速增长阶段结束,步入低速增长新阶段。值得注意的是一些东亚国家或地区开始经济腾飞,成为发达国家激烈竞争的对手。发达国家为摆脱困境,纷纷拿起保护主义武器。然而,关税壁垒已越来越受到国际社会的谴责,于是它们开始寻求一种新的贸易保护主义手法——非关税壁垒。例如,数量限额、海关估价、政府采购、补贴、差别课税、边境税收调整、技术限制、管理条例等。这些非关税壁垒助长了发达国家在80年代盛行的贸易保护主义。

　　1986年关贸总协定开始"乌拉圭回合"的多边谈判,历时八年,于1994年达成协议。除建立世界贸易组织外,协议同时要求将几百种产品的进口关税再削减1/3以上,其中,发达国家全部取消医药、建筑设备、钢材、医疗设备、啤酒、家具、农具设备、烈酒、木材、纸张、玩具11个部门的关税;按贸易量加权计算,工业品进口最惠国待遇关税率平均降低38%;发达国家工业品关税受约束的比例从78%增加到97%,发展中国家从21%增加到72%等。值得注意的是,协议在要求关税减让的同时,将目标指向非关税壁垒。要求成员国减少或取消传统的非关税壁垒。在这种情况下,发达国家为了自身的经济利益,开始寻求新的贸易保护手段。目前,最为盛行的除"劳工标准"、"反倾销条款"外,就数"绿色壁垒"了。最典型的是1990年美国禁止进口墨西哥的金枪鱼和金枪鱼制品,其理由是为了保护海豚的生存。日本、欧洲等发达国家也纷纷仿效,通过绿色壁垒对进口产品进行种种限制。

　　"绿色壁垒"之所以能成为国际贸易保护主义的新形式并且盛行,根本原因在于工业化的加速,全球环境污染的日趋恶化,已威胁到人类自身的生存和发展;由于国际机构的推动,人们的环保意识逐渐增强,思维方式、价值观念乃至消费心理和消费行为发生了很大变化,一股强大的"绿色消费"热潮兴起。人们开始抛弃用化纤原料制作服饰,钟情于从自然界获取原料的服装,甚至追求返璞归真的田园式"土布时装"。野菜成了"热门货"、"抢手货",无污染的"绿色包装"、"绿色食品"在大城市大显神威。人们不仅愿意到自然风光的农村旅游、建造住房,而且房间的装饰,也开始选择"绿色建材"。一些节能、便于回收、不造成公害的绿色电视机、冰箱、洗衣机、个人电脑在商场开始走俏。自行车在一些发达国家畅销的同时,企业开始研制和开发无污染的汽车,争取在21世纪圆"绿色汽车"梦,"生态玩具"也已成为儿童们追求的对象。据1990年的两项调查,67%的荷兰人、82%的德国人、77%的美国人在超级市场购物时考虑环境因素,大多数英国人根据商品对环境是否有利而选购产品,日本人更愿意出高价购买"绿色食品"。美国目前的绿色产品大约占总商品的5%~10%,1990年达6000多种。绿色产品开始成为世界市场发展的新潮流。

　　发达国家贸易保护主义除了利用"绿色潮流"中人们环保意识增强、消费心理和行为的变化外,还由于国际贸易组织尚未产生公平、合理、能得到各国普遍接受的国际公约。尽管七八十年代,有人已提出"绿化GATT"的主张,其后又成立了"环境措施与国际贸易工作组",但实际行动甚少。直至1991年,GATT理事会的"国内禁销品和其他危险物质工作组"才草拟了一份《关于在国内市场禁止或严格限制销售产品》的决议,要求所有被缔约方认定为对其境内人类、动植物或环境有严重的、直接的威胁而禁止或严格限制其在本国市场上销售的产品,包括危险废弃物,至少应由一个国际组织来掌管。但由于尼日利亚持保留态度而未能达成一致意见。1992 年 6 月召开的联合国环境与发展大会虽然成为环保的新里程碑,通过的大多数条约则是无约束力的。1994 年世界贸易组织成立,使贸易与环境问题的讨论"制度化",也增强了对该问题的组织领导。在 1994 年 4 月举行的马拉喀什部长会议上做出了《关于贸易与环境的决定》。有人预言,环境和贸易问题有可能成为世界贸易组织首轮多边谈判的"绿色回合"。但是,至今国际社会尚未形成具有约束力的解决国际环境纠纷的公约或规则。正是在这种情况下,发达国家贸易保护主义试图钻空子,在国际公约出台前树起一道道"绿色壁垒",使其或者成为事实,或者成为谈判筹码。这不仅可以得到国际社会的支持,庞大消费市场的认可,而且可以使广大发展中国家跌入"绿色陷阱"。对此发展中国家要么从发达国家市场退出,要么跟在发达国家后面生产高投入、高技术的"绿色产品"。无论是前者,还是后者,发展中国家均要付出沉重代价。发达国家却从中既保护了国内的夕阳工业,又以环境保护领导者自居。这正是"绿色壁垒"作为国际贸易保护主义新形式得以迅速发展的秘密所在。

我国是一个农业大国,但不是一个农业强国。近年来,我国农产品出口频频受阻,与其他国家的农产品贸易战也屡屡爆发,对我国使用技术性贸易壁垒的国家越来越多。我国农产品和食品出口面临严峻的外部环境。如日本、欧盟、美国等纷纷以提高检疫标准、增加检测项目为手段,用技术性贸易壁垒限制我国产品进口。由于世界贸易组织对实施动植物检验检疫的规定过于笼统,缺乏具体量化标准,所以当前国际贸易中滥用技术性贸易措施的趋势不断强化,给我国出口企业带来的成本和风险损失呈逐年递增之势。

三、发展绿色食品对外贸易的意义

作为一个农业大国,我国农业生产和农产品及其加工品国际贸易在我国国民生产总值和外贸总额中占有很大比重。如何突破国外绿色壁垒,促进我国农产品及其加工品国际贸易的发展,是各级政府普遍关注的问题。而发展绿色食品贸易,对于突破国外绿色壁垒,提高我国农产品的国际竞争力和国际市场占有率,促进我国农村经济发展和农民增收都具有重要的意义。

1. 有利于应对加入 WTO 带来的挑战

WTO 在降低关税和取消非关税壁垒的同时,正在筑高食物安全性的"绿色壁垒"。而绿色食品标志已经成为农产品国际贸易的入场券和通行证,发展绿色食品有利于突破国外"绿色壁垒",抢占农产品国际贸易的制高点。

2. 有利于培植农业精品名牌,推进农业产业化发展

农业产业化的基础是产品,没有产品,农业产业化就是一句空话;没有名牌产品,农业产业化就不能快速发展,现代农业高度重视名牌农产品的培植,要求推行精品名牌战略。而绿色食品标志是优质安全的象征,是优质安全的有机统一。因此发展绿色食品,有利于提高农产品质量,促进农业精品名牌战略的实现,从而推进农业产业化发展。

3. 有利于推动我国农业标准化建设

由于绿色食品是按特定的生产方式进行生产的,而且强调对产品实行全过程质量控制,每一阶段都有严格的标准要求,因此,通过发展绿色食品产业,有利于推动我国农业标准化建设。

4. 有利于促进我国的环境保护工作

绿色食品的生产是严格按照相关的标准进行,不但对用于绿色食品生产的土地、水、肥料、大气等有着严格的要求,而且对绿色食品的生产技术、包装、贮藏、运输等都有严格要求,其基本点就是要出自无污染的环境。因此发展绿色食品贸易,可以促进我国的环境保护工作。

四、绿色壁垒的特点与主要形式

(一)绿色壁垒的特点

1. 相对性

在发达国家之间,环保技术水平比较接近,许多发达国家之间还制订了相同的环境标准、检验方法、使用统一的环境标志等,所以他们之间的贸易因环保问题导致的纠纷较少,基本上不存在"绿色壁垒"。而发展中国家环保行动起步晚,环保技术相对落后,对产品的环保要求比较宽松。发达国家制订的环境标准和相应的限制措施,从发展中国家的角度来看,这些标准不仅苛刻,而且产品的检验手续也繁琐复杂,加上各种环境标准处于经常变动之中,使产品出口制造商很难适应。同样的一种对进口产品的环境标准或环保要求,在一些国家之间并不形成壁垒,而在另一些国家之间则形成壁垒,这就是"绿色壁垒"的相对性。

2. 时效性

"绿色壁垒"的时效性是指它只能在某一段时间内有效。例如在某一年份,由于出口商的产品达不到进口国关于环境保护措施方面的要求,于是其产品被拒之门外,但出口商经过一段时间的技术改造和采取措施,产品的环境标准和其他技术指标满足了进口国关于环境保护方面的要求时,进口国原来对出口商的"绿色壁垒"就不复存在了。

3. 隐蔽性

实施"绿色壁垒"不外乎两个目的:一是保护生态环境和人类及动植物的安全;二是保护本国的市场,免受进口商品或其他贸易方式的冲击。"绿色壁垒"的实施者即使是因为第二个目的,通常也宣称是为了保护生态环境,或人类的健康、动植物的安全。这种以环境保护为掩护,转移人们的视线的做法,使"绿色壁垒"极具隐蔽性。

4. 广泛性

"绿色壁垒"不但包括初级产品,而且涉及所有的中间产品和工业制成品;不仅涉及资源环境,而且涉及动植物与人类健康;不仅包括商品生产、销售,而且涉及生产方法与过程;不仅涉及法律法规,而且涉及产品标准;不仅涉及产品内在品质,而且涉及产品的外部包装等。

5. 歧视性

各国政策和标准的制订主要依据国内资源技术条件和国内生产者以及消费者的需求,有些条件是专门针对出口国家或商品制订的,甚至制订一些明显或隐蔽的双重环境标准,执行这些措施和标准时,隐含着歧视性和非公平待遇,往往是有利于本国生产者而不利于外国出口商。

(二)绿色贸易壁垒的形式

"绿色壁垒"诞生不久,种类就层出不穷,花样不断翻新。其核心是借保护环境之名,行限制国外产品进口之实。其形式主要包括:

1. 绿色关税和市场准入

"绿色壁垒"起初,往往与关税有关。发达国家以保护环境为名,对一些污染环境、影响生态环境的进口产品以进口附加税,或者限制、禁止对其进口,甚至对其实行贸易制裁。例如,美国对原油和某些进口石油化工制品课征环境进口附加税,其税率比国内同类产品高出 3.5 美分/桶。1994 年,美国环保署规定,在美国九大城市出售的汽油中含有的硫、苯等有害物质必须低于一定水平,国内生产商可逐步达到有关标准,但进口汽油必须在 1995 年 1 月 1 日生效时达到,否则禁止进口。美国为保护汽车工业,出台了《防污染法》,要求所有进口汽车必须装有防污染装置,并制定了近乎苛刻的技术标准。上述内外有别,明显带有歧视性的规定引起了其他国家,尤其是发展中国家的强烈反对。委内瑞拉、墨西哥等国为此曾上诉关贸总协定和世界贸易组织,加拿大、欧共体也曾与美国"对簿公堂"。据统计,仅 1980 ~ 1992 年,以关贸总协定程序解决的争端就有五起,其中四起是由于采取环境管制措施引发的。它们分别是:1980 年美国禁止从加拿大进口金枪鱼及其制品;1987 年加拿大限制出口未经加工的鲱鱼和鲑鱼案;1980 ~ 1981 年泰国限制从美国进口卷烟案;1991 年美国禁止从墨西哥进口金枪鱼及其制品案。1994 年 3 月,美国白宫安全会议建议克林顿总统对中国台湾实行贸易制裁,原因之一是台湾保护野生动植物不力。美国也曾对我国发生类似的威胁。

2. 绿色技术标准

发达国家的科技水平较高,处于技术垄断地位。它们在保护环境的名义下,通过立法手段,制订严格的强制性环保技术标准,限制国外商品进口。这些标准都是根据发达国家生产和技术水平制订的,对于发达国家来说,是较容易达到,但对于发展中国家而言,是很难达到的。这种貌似公正,实则不平等的环保技术标准,势必导致发展中国家的产品被排斥在发达国家市场之外。1995 年 4 月,由发达国家控制的国际标准化组织开始实施《国际环境监查标准制度》,要求企业产品达到 ISO 9000 系列质量标准体系。欧盟最近也启动一项名为 ISO 14000 的环境管理系统,要求进入欧盟国家的产品从生产前到制造、销售、使用以及最后处理阶段都要达到规定的技术标准。发展中国家的产品只有达到这些标准,才能进入欧盟市场。欧共体成员国分别制订环保技术标准,一般以消费品为主,不含服务业和已有严格环保标准的药品及食品,优先考虑的是纺织品、纸制品、电池、家庭清洁用品、洗衣机、鞋类、建材、洗护发用品、包装材料等 26 类产品。1993 年 6 月英国首先完成了洗衣机、洗碗机、灯泡、护发用品、防臭剂、化肥的环境标准的制订,欧共体已表决通过。目前,美国、德国、日本、加拿大、挪威、瑞典、瑞士、法国、芬兰、澳大利亚等西方发达国家纷纷制订环保技术标准,并趋向协调一致,相互承认。

3. 绿色环境标志

它是一种贴在产品或其包装上的图形。它表明该产品不但质量符合标准,而且在生产、使用、消费、处理过程中符合环保要求,对生态环境和人类健康均无损害。发展中国家产品为了进入发达国家市场,必须提出申请,经批准才能得到"绿色通行证",即"绿色环境标志"。这便于发达国家对发展中国家产品进行严格控制。1978 年,德国率先推出"蓝色天使"计划,以一种画着蓝色天使的标签作为产品达到一定生态环境标准的标志。发达国家纷纷仿效,在加拿大叫"环境选择",在日本叫"生态标志"。美国于 1988 年开始实行环境标志制度,有 36 个州联合立法,在塑料制品、包装袋、容器上使用绿色标志,甚至还率先使用"再生标志",说明它可重复回收、再生使用。欧共体于 1993 年 7 月正式推出欧洲环境标志。凡有此标志者,可在欧共体成员国自由通行,各国可自由申请。前不久,欧共体委员会就电子、电动产品中电磁污染做出新规定,要求从 2011 年 6 月 28 日起,凡是在欧共体市场上出售的电子及电力设备都必须经过电磁兼容性测试,贴上 CE 标签。由于它涉及收音机、电视机、移动无线设备、医药科学仪器、信息技术设备、灯具等,我国深圳此类产品的出口受到很大影响。美国食品与药品管理局规定,从 1995 年 6 月 1 日起,凡是出口到美国的鱼类及其制品,都必须贴上有美方证明的来自未受污染水域的标签。目前,美国、德国、日本、加拿大、挪威、瑞典、瑞士、法国、芬兰、澳大利亚等发达国家都已建立了环境标志制度,并趋向于协调一致,相互承认。它犹如无形的层层屏障,使发展中国家产品进入发达国家市场步履维艰,甚至受到巨大冲击。据我国外经贸部门估计,由于发达国家环境标志的广泛使用,将影响我国 40 亿美元产品的出口。

4. 绿色包装制度

绿色包装指能节约资源,减少废弃物,用后易于回收再用或再生,易于自然分解,不污染环境的包装。它在发达国家市场广泛流行。一种由聚酯、尼龙、铝箔、聚乙烯复合制成的软包装容器 Cheer Pack 在日本和欧洲市场大受青睐,已广泛用作饮料、食品、医药、化妆品、清洁剂、工业用品的包装,其使用后的体积仅为传统容器的 3%～10%。简化包装、可再生回收再循环包装、多功能包装,以纸代塑料包装等悄然兴起,正在成为包装的"绿色"热潮。发达国家为推动"绿色包装"的进一步发展,纷纷制订有关法律法规。德国 1992 年 6 月公布了《德国包装废弃物处理的法令》。奥地利 1993 年 10 月开始实行新包装法规。英国制订了包装材料重新使用的计划,要求 2000 年前使包装废弃物的 50%～75% 可以重新利用。日本也分别于 1991 年和 1992 年发布并强制推行《回收条例》、《废弃物清除条例修正案》。美国规定了废弃物处理的减量、重复利用、再生、焚化、填埋五项优先顺序指标。这些"绿色包装"法规,虽然有利于环境保护,但却为发达国家的"绿色壁垒"提供了庇护。它们以其他国家尤其是发展中国家产品包装不符合其要求为借口,限制其包装产品进口,由此引起的贸易摩擦也不断发生。如丹麦以保护环境为名,要求所有进口的啤酒、矿泉水、软性饮料一律使用可再装的容器,否则拒绝进口。此举受到欧共体其他国家的起诉。最后丹麦虽然胜诉,但欧共体仍指责其违反自由贸易协定原则。美国担心污染环境,同样拒绝进口加拿大啤酒。

5. 绿色卫生检疫制度

海关的卫生检疫制度一直存在。乌拉圭回合通过的《卫生与动植物卫生措施协议》建议使用国际标准,规定成员国政府有权采取措施,保护人类与动植物的健康,其中确保人畜食物免遭污染物、毒素、添加剂影响,确保人类健康免遭进口动植物携带疾病而造成的伤害。但是各国仍有很大的自由空间,要求成员国政府以非歧视方式,按科学、透明的原则,保证对贸易的限制不超过环保目标所需程度。实际上,发达国家往往以此作为控制发展中国家相关产品进口的重要工具。它们对食品的安全卫生指标十分敏感,尤其对农药残留、放射性残留、重金属含量的要求日趋严格。如 1993 年 4 月第 24 届联合国农药残留法典委员会上,讨论了 176 种农药在各种商品中的最高残留量(系指现已禁用但仍在食品中残留的农药含量)和指导性残留限量。因此,欧共体对在食品中残留的 22 种主要农药制定了新的最高残留限量。欧共体还撤销了氨三唑等农药的最高残留限量,即从严控制其在食物中的残留限量。由于生产条件和水平的限制,发展中国家很多产品达不到标准,其出口到发达国家市场的农产品和食品数量将大大减少,经济效益受很大影响。例如,由于日本、韩国对进口水产品的细菌指标已开始逐批检验、河豚鱼逐条检验,我国荣城市出口日本、韩国的虾仁、鱿鱼均因细菌超标而被提出退货,这样的例子数不胜数。

6. 绿色补贴

为了保护环境和资源,有必要将环境和资源费用计算在成本之内,使环境和资源成本内在化。发达国家将严重污染环境的产业转移到发展中国家,以降低其本身的环境成本。发展中国家的环境成本却因此而提高。更为严重的是,发展中国家绝大部分企业本身无力承担治理环境污染的费用,政府为此会给予一定的环境补贴。发达国家认为发展中国家的"补贴"违反关贸总协定和世界贸易组织的规定,因而以此为借口限制其产品进口。最近,美国就以环境保护补贴为由,对来自巴西的人造橡胶鞋和来自加拿大的速冻猪肉提出了反补贴起诉。这种"绿色补贴"壁垒有日益增加之势。

五、绿色贸易壁垒的地位和作用

(1)保护生态环境,促使实现可持续发展;
(2)促进技术进步、调整和优化产业结构;
(3)保障人民健康和安全;
(4)维护国家基本安全;
(5)调节进出口贸易的重要杠杆。

六、绿色贸易壁垒对绿色食品(农产品)的影响

目前,中国绿色食品出口主要集中在日本、韩国、香港、东南亚等亚洲国家和地区,出口的份额占70%左右,在欧美国家占20%左右,可以说中国绿色食品在国际社会上还是受到广泛欢迎的。2003年,绿色食品对外贸易额达到了4.08亿美元,占我国对外出口农产品贸易额的5%。

虽然我国绿色食品贸易发展速度较快,形成了一定规模,但同国际水平相比,仍然存在一定差距,主要表现在:一是绿色食品的贸易额相对偏低;二是中国绿色食品的国际市场范围比较狭窄。

这些问题的存在,部分是因为中国加入WTO后,受"绿色壁垒"限制,不能出口的农、畜、水产品增多,但更多的原因是诸多因素结合的结果:

第一,对绿色食品打破国外农产品技术壁垒,扩大出口创汇的重要地位和作用认识不足。大部分农产品的生产和销售仍然停留在传统的概念当中,对于绿色食品还没有给予应有的重视。对市场了解不够深入,尤其是没有能够把握国际市场的发展趋势。

第二,出口企业规模多数比较小,经营不完善,生产技术比较落后。如全国1600万亩茶园中,70%是分散农户经营的,难以实施统一的茶叶生产标准,使得质量控制、标准的实施难以落实到位。

第三,政府缺乏相应的扶植和政策引导。由于绿色食品的生产成本比较高,许多企业由于缺少资金和信用担保,不能实现出口创汇。

第四,企业认证意识淡薄,认证能力相对较差。ISO 14000环境管理体系是世界各国企业跨越"绿色壁垒"的重要跳板。但遗憾的是,我国大部分企业对它的反应迟钝,取得认证的大多是三资企业,更多的企业仍在ISO 14000认证之外徘徊。还有一些企业担心认证会降低价格竞争能力,认证不积极,存在侥幸心理。在绿色标志认证方面,我国外贸企业要获取国外认可的绿色标志,不仅要支付大量的检验、测试和评估等费用,还要支付不菲的认证申请费和标志的

使用年费,使部分企业望而生畏。

第五,行业主管部门和行业协会开展国际交流与合作的力度有待于进一步加强。

七、我国绿色食品对外贸易突破绿色壁垒的对策

"绿色壁垒"是一把双刃剑。任何一项环保措施,在有利于环境保护的同时,都有可能成为"绿色壁垒"。发达国家可以利用,发展中国家也可利用。只是由于经济技术水平的差异,双方所获利益有所差异。因此,"绿色壁垒"对于我国来说,既是挑战又是机遇,要在迎接挑战中抓住机遇,推动经济、贸易和环境的协调发展。

(1)大力发展行业协会,提高农业经济实体的生产组织化程度,走规模化、集团化的道路,进行企业化的运作和管理,提高农产品的生产效率和抗"绿色壁垒"风险的能力。我国农村自20世纪70年代末实行土地承包责任制以来,农产品生产一直处于分散单干的状态,每个农民对农产品的生产基本上由自己随意决定。这种千家万户的小生产状态使得农产品的质量难以控制,农产品标准的实施无法彻底执行。因此,提高我国农业生产的组织化程度势在必行。我们可以借鉴德国、法国、奥地利等发达国家及我国台湾的"业必归会"的经验,在农产品出口相对集中的地区,组织农民成立专业合作社,组织企业成立行业协会,并赋予其一定的行业管理职能。此外,要建立中国绿色食品对外贸易机构,协调绿色食品中小企业组成联合舰队,形成一个整体走向国际市场,积极开展对外贸易,提高我国绿色产业在国际市场上的竞争力。

(2)树立双向意识,加强环境管制。我国在坚决抵制发达国家"绿色壁垒"的同时,要顺应国际绿色消费热潮,努力开拓"环保市场",大力开发绿色产品。并且要利用发达国家"环境管制"的合理成分,加强环境管制,保护我国的生态资源环境和居民的身体健康,实现贸易和环境的协调发展。

(3)建立和强化贸易的环境管理决策机构和机制。我国应将环境保护作为经贸发展的战略,加强外贸、环保、生产部门的联系和合作,强化相互协调和相互沟通的功能,制订打破发达国家"绿色壁垒"和开拓环保市场的计划和策略,以形成统一、高效的环境管理和决策的机构与机制。目前,尤其要改变大量消耗资源、能源,污染环境的传统发展模式,推行以生态环境为中心的绿色增长模式,统筹规划我国的环保市场和对外经贸活动,走可持续发展道路。

(4)完善贸易的环境法规,强化贸易环境执法。根据国际市场的新趋势,我国要加快制订和完善各类商品生产和销售中有关环境保护的技术标准和法规,推行"环境标志"制度,保证经济贸易的环境管理与国际通行法规相衔接。我国目前尤其要强化政府的环境管理职能,对经贸活动中违反环境法规的行为要依法惩处,发挥绿色产品和环境标志的示范作用,加强广大消费者的社会监督作用,推动环保产业成为支柱产业,使绿色产品成为对外贸易的拳头产品。

(5)增加科技投入、发展环保市场,开发更多的绿色产品。开拓环保市场,开发绿色产品要以高投入、高技术作为坚强的后盾。因此,我国首先要使生态技术成为高新技术发展的重要内容之一,同时要增加科技投入,加强政府、企业、学校、科研院所的协作,鼓励科技人员奔赴经济建设主战场,迅速将生态环境新发明应用到生产实践中。要以生态技术为中心,改造传统产品的设计、包装,提高产品质量,增加环保因素,开发低成本、高质量、符合国际技术标准的绿色产品,开拓国际环保市场。为此,我国政府应在金融信贷、税收等方面为环保企业提供优惠和支持。

（6）严禁国外不符合环境标准的商品,尤其是危险、有毒废弃物品,甚至污染产业流入国内。发达国家在设置"绿色壁垒"的同时,正将污染产业和产品转移到发展中国家。我国对此应提高警惕,加强对进口商品的管理。审查、检测,坚决杜绝危险、有毒的废弃物品进口,以保证我国居民的身体健康和生态环境免遭破坏。同时,要在扩大对外开放,引进外资的同时,着眼于长远利益,严格审批,禁止外资在我国兴建污染大、难治理的农药、化工、印染、造纸、电镀等生产企业。对现有外资企业的污染问题要限期治理,必须达到我国现有的环境标准,否则进行停产整顿直至封场关闭处理。

（7）加强国际合作,借鉴发达国家的环保技术和经验,利用国际机构的"绿色援助",发展我国的环保产业。这有助于我国在 21 世纪环保市场的国际竞争中占有一定份额。尤其要研究和掌握发达国家不断推出的环保新法规,以增强我国的适应性;要积极参与环境与贸易的国际活动,了解国际环保市场信息,增加与有关国际机构的合作,推动绿色贸易的发展。

八、绿色食品对外贸易的前景

绿色食品行业在中国的发展,虽然面临着一些挑战和问题,但发展趋势还是非常喜人。近年绿色食品产品出口保持快速增长,2000～2002 年,绿色食品出口年平均增长 105%,比1997～2000 年的平均增长速度 42% 高出 63 个百分点。2003 年,全国绿色食品产品出口额由2000 年的 2 亿美元增至 8.4 亿美元,出口率由 2000 年的 2.5% 增至 11.6%;全国绿色食品出口企业达 273 家,占绿色食品企业总数的 15.5%;出口产品 301 个,占绿色食品产品总数的9.8%。截至 2004 年的上半年,全国绿色食品标志产品总数已达 4710 个,产品实物总量超过3200 万吨,深加工产品占到 4 成以上。我国绿色食品在质量标准、质量制度、企业和产品优势以及品牌优势等方面在国际市场上都已具备了一定的竞争优势。

只要我们不断的看到问题,对发展绿色食品思路进行深层次的思考,积极改进、完善生产和经营模式,依据国际市场规范,参与国际竞争,我国的绿色食品行业将会发展的更为迅猛,在国际市场上将会有更强大的竞争力。

九、绿色国际贸易的程序及方法

国际贸易就是国际商战,"知己知彼,百战不殆",要突破某些国家的"绿色壁垒",首先要了解国际贸易的程序和规则。其出口贸易大体经过以下程序:

1. 签约前的政策咨询

出口国配额制度、进口国配额或许可证制度、货物是否来自限制的国家和地区、输出国和输入国家间的双边协议、国外通关所需手续,如检疫证书、卫生证书、放射证书、产地证等。

2. 订立合同开具信用证

由贸易双方协商签订合同（成交确认书）,开具信用证,在合同中描述产品属性、产品价格、结算方式、运输方式、交货日期、保险、检验及通关用的证书等。

3. 生产加工

要求在当地检验检疫部门进行登记或注册的加工厂根据合同或信用证的有关条款,按照输入国的有关法律（食品卫生法、动植物检疫法）进行加工生产,经检验合格后方可出厂。

绿色食品加工企业必须追求无可挑剔的产品质量,这在质量管理上要求企业应获得ISO 9000 系列质量认证,或推行 GMP（良好操作规范）和 HACCP（危害分析及关键控制点）的质量保证体系,从"农田到餐桌"实行全过程质量控制及管理,以使绿色食品有可靠的质量保证。

4. 外贸验收

外贸公司对加工厂生产的产品质量按照合同和信用证等有关规定进行验收,合格后报检。

5. 检验检疫

检验检疫是该批货物经过的第一道国门。出口企业按照规定,持外贸合同、信用证、发票、工厂检验合格单和外贸公司的商品验收单、包装性能结果单等手续进行报检。检验检疫部门按照《中华人民共和国进出口商品检验法》、《中华人民共和国出入境动植物检疫法》及其《条例》的有关规定、根据我国与输入国的双边协议、根据合同的有关条款,对该批货物进行检验检疫,合格后办理《换证凭单》或《通关单》,然后报关。

6. 报关

出口企业办完报检手续后,持《通关单》、《产地证》、合同或信用证、装箱单、发票等办理报关手续,这是该批货物经过的第二道国门。

7. 船运

将办理完有关手续的商品,委托船运公司装箱集港,经港口检验检疫部门查验后装船出运。

8. 国外检疫

国外动植物检疫的主管部门一般是中央农业行政主管部门,其检疫职责分明,检疫范围明确,没有多部门的交叉、重复现象。有些农业发达国家的口岸动物检疫与植物检疫机关是合署办公,如美国、澳大利亚、新西兰、加拿大、荷兰等。输入国的检疫机关根据本国的有关法律(动植物检疫法)查验有关证件、证明,对该批货物实施检疫。

9. 食品安全检查

食品安全检查是根据输入国制定的各有关技术法规和标准,查验该批货物是否符合输入国制定的《食品卫生法》及有关法规的要求,是否来自认可的加工厂;食品是否安全,比如农残、重金属、微生物、生物毒素是否超标;是否具有放射性,以及食品标签等检查。这些职能部门各国也不同,美国由食品药品监督管理局(简称 FDA)执行;日本由医药局食品保健部执行,口岸检疫所具体办理;欧盟十五国由欧盟委员会食品兽医办公室负责对外谈判,各国口岸部门联合预警的机制,部分国家口岸部门与海关联合执行。国外的检疫和食品安全检查是输入国家的官方行为,如被对方检查出问题,对方一般采取检疫处理、退货、销毁等手段处理该批货物。其中采用最多的手段是退货。

10. 国外检验

国外检验部分国家是官方行为,也有部分是民间中介行为,如公证等形式,他们检验政府强制检验项目以外的检验项目,如数量、重量、品质、规格、性能等。

11. 通关

交纳关税货,提货出港。

12. 买方验收

买方根据合同或信用证条款对货物进行验收,合格后结算,出现规格不符、重量短缺、混有异物情况,由贸易双方协商解决,或索赔或退货处理。

通过上述由买到卖的过程,可以看出,国际贸易与国内贸易的区别在于,每一票货物,不管数量多少,不管货值多少,都有输出国和输入国政府的强制参与,一旦货物被对方官方检出问题,除本批货物受到损失外,还有可能对输出国采取更严厉的制裁措施甚至封关,乃至形成两国的贸易争端。

 思 考 题

    1. 简述消费者购买绿色食品的原因及其消费群体。

    2. 简述我国绿色食品的市场培育。

    3. 简述绿色贸易壁垒的含义及形式。

    4. 简述绿色国际贸易的程序。

第七章 绿色食品销售与贸易

第八章 绿色食品、有机食品与无公害食品

第一节 绿色食品、有机食品及无公害食品的概念

一、概述

我国是农业和食品生产消费的大国,几千年的生产和消费习俗,以及地域气候环境的差异,造就了我国特有的食品种类、特点、风味、加工方式和流派。随着人类社会和科学技术的发展,农业和食品对人体健康的影响逐渐深入,人们对食品的质量安全性要求也越来越高,逐步建立了现代农业的生产体系和食品安全技术体系。

需要特别指出的是,在国家认证和监管体系当中认证和监管的对象是无公害农产品、绿色食品和中国有机产品。本章中,我们所叙述的"无公害食品"是指无公害农产品中的食品(如可以直接食用的瓜果、蔬菜等)和无公害农产品加工形成的食品;有机食品是指有机产品生产体系中的食品产品。文中所述的"生产"是指栽培、养殖、采集等初级农业产品和原材料的生产过程;"加工"是指以初级农产品和原材料加工成为面对消费者的终端产品的过程。

从目前食品安全的角度可将食品简要地分为:

1. 食品(普通食品、传统食品)

按传统习俗生产、流通,满足人类基本生存需求的食物。其生产环境和产品卫生指标满足国家食品卫生安全指标,生产企业获得食品生产许可证。

2. 无公害食品

按照相应的无公害农产品生产技术标准生产、符合通用食品卫生标准并经有关部门认定的安全食品。从健康的角度来看,无公害食品是现行普通食品都应该达到最基本要求。相对于有机食品和绿色食品,无公害食品的实施早于有机食品和绿色食品。是国内安全级别最低的食品,国外食品生产体系没有无公害食品这一食品分类和概念。

3. 绿色食品

绿色食品是我国农业部门推广认证的食品,绿色食品允许在生产过程中限量使用(A级)或者不使用(AA级)化学合成肥料、农药、兽药(畜牧业)、饲料添加剂、食品添加剂和其他有害于环境和健康的物质。从本质上讲绿色食品是从普通食品向有机食品发展的一种中间产品,仅在我国农业部门实施认证。

4. 有机食品

以有机农业方式生产、加工,符合有关有机标准的要求,并通过专门的认证机构认证和监管的农副产品及其加工品,包括粮食、蔬菜、奶制品、禽畜产品、蜂蜜、水产品、调料等。这里所指的有机食品仅是指有机农业提供给社会消费的终端产品。广义的有机食品概念同时隐含着人类消费食品过程对整个生态环境的影响和贡献。

二、认证食品的定义与发展

中国有文字记载的农业有2000多年,传统的农、林、牧、副、渔业产生了丰富多彩的中国食

品历史,满足了人类的基本生存需要。随着农业生产环境和耕作方式的变化,食品生产加工技术的发展及人们生活水平的提高,人类对食品的需求不再是仅仅满足于"吃饱",而开始注重食品对人体健康的影响,由此产生了对食品生产环境、食品生产过程和食品产品进行安全性监管的要求,并对达到监管标准要求的食品授予相应级别证书,这一过程称为"认证"。目前,我国已经实施的食品监管体系有无公害农产品、绿色食品和有机产品。

(一)无公害食品

无公害农产品是指产品无污染、无毒害,主要包括农、林、牧、副、渔业的安全优质初级产品。生产过程中允许限量使用指定农药、化肥和合成激素。无公害食品以全过程质量控制为核心内容,包括产地环境质量、生产技术和产品质量三个方面。其标准的安全级别低于绿色食品,高于未纳入规范管理的传统食品和初级农产品。

2002年4月农业部和国家质量监督检验检疫总局审议通过的《无公害农产品管理办法》规定:无公害农产品是指产地环境、生产过程和产品质量符合国家有关标准和规范的要求,经认证合格获得认证证书并允许使用无公害农产品标志的未经加工或者初加工的食用农产品。

生产无公害农产品的企业应该达到以下要求:

1. 产地环境要求

无公害农产品的产地环境应当符合《无公害农产品产地环境的标准》的要求、区域范围明确、具备一定的生产规模。

2. 生产过程要求

无公害食品的原料来源于无公害农产品,因此无公害农产品生产过程的控制是无公害食品质量控制的关键环节。无公害农产品生产技术和操作规程按作物种类、畜禽种类以及不同农业区域的生产特性分别制订,用于指导和规范无公害农产品生产活动和无公害食品的加工。这些规程包括农产品种植、畜禽饲养、水产品养殖和食品加工等技术操作规程。

3. 标准和规范

无公害农产品标准主要包括无公害农产品行业标准和农产品安全质量国家标准。行业标准由农业部制订,是无公害农产品认证的主要依据;国家标准由国家质量技术监督检验检疫总局制订。

无公害农产品标准是衡量无公害农产品及其加工食品质量的标尺,规定了产品的感官和卫生品质等内容,重点要求安全技术指标,反映了无公害农产品生产、管理和控制的水平,突出了无公害农产品及其食品无污染、食用安全的特性。

4. 认证与颁证

经认证合格,获得无公害农产品证书,并允许使用无公害农产品标志的产品才能称为无公害农产品(无公害食品)。

(二)无公害食品发展概况

中国加入WTO后,中国失去了对农产品的关税保护,产品质量成为农产品参与国际贸易的指标,提高产品品质成为中国农产品与国外同类产品进行市场竞争的手段,建立无公害农产品生产基地,推广无公害农产品生产技术,生产出安全性较高的无公害农产品才能促进农业经济持续发展。

首先,国家通过颁布《无公害农产品管理办法》建立了农产品生产规范和市场管理制度,使无公害农产品形成一种具有独特标志的专利性产品,有别于其他农产品,而这种独特标志包含了其生产技术的独特性和管理办法的独特性。

其次,针对众多的无公害农产品食品,农业部2001年首先对我国73种主要的农产品食品制订了无公害食品标准,2002年制订了126项,2004年又制订了112项,截止目前现行有效的无公害食品标准共285项,初步形成了无公害农产品质量的标准体系。

参照联合国农药残留法典委员会规定的176种农药在各种商品中的最高残留量,形成了国内各种产品标准中农残含量的主要依据。

通过建立无公害农产品认证制度,给农产品"冠名"和发放市场"通行证",一方面为广大消费者正确识别农产品的质量安全提供依据;另一方面为企业树立产品形象、打造品牌、参与市场竞争奠定基础。

目前,国内无公害农产品的生产、监管和认证已经建立和推广。在保护农业生态环境、提高食品质量安全水平、促进农产品出口、规范市场经济秩序等方面均起到了积极的作用。但是,也应该认识到无公害食品体系仅仅是建立在我国传统农业生产方式上的最低层次的食品安全生产体系,即使如此,仍有相当数量的农产品还没有被纳入到这一体系中。

(三)有机食品

1. 有机食品的概念

"有机食品"一词是从英文"Organic Food"直译过来的名称,这里所说的"有机"不是化学上的概念(在化学专业中有机物是指含碳原子并以碳链方式连接起来的化合物),而是指采用有机农业耕作和加工方式生产,产品符合国际或国家有机食品标准和要求的食品。

随着有机生产方式的发展,目前国内外已经将"Organic Food"的含义延伸成为了"有机产品",有机农业已经形成了一种新的生产方式和观念,形成了人类对生态环境和资源利用的一种新态度,不同国家和组织对有机产品的定义范围、有机生产体系的具体描述也有所差异。

国际有机农业运动联盟(the International Federation of Organic Agriculture Movements,简称IFOAM)给有机食品的定义是根据有机农产品种植标准和生产加工技术规范而生产的、经过有机食品颁证组织认证并颁发证书的一切食品和农产品。

国家环保总局有机食品发展中心(OFDC)认证标准中将来自于有机农业生产体系,根据有机认证标准生产、加工,并经独立的有机食品认证机构认证的农产品及其加工品统称为有机食品。

根据以上定义,我们将满足以下三个要素的产品称为有机产品(有机食品):

(1)生产有机食品的全部原料必须来源于有机农业生产体系(即有机农场和有机农业);在农业原料生产和农产品加工过程中未使用化肥、农药、生长激素、化学添加剂、化学色素和防腐剂等化学物质,未使用基因工程技术。

(2)有机食品的生产加工技术和过程必须满足有机食品生产的规范;在加工、生产和销售过程中严格遵循经过认证的生产技术、加工工艺和质量控制管理程序,加工过程中未引入有毒有害物质。

(3)有机食品的生产、加工和管理全过程必须通过合法认证机构的认证。

满足以上三个要素的农产品和食品称为有机食品;同时,把按照有机生产方式生产、经过有机认证的产品如化妆品、饲料、纺织品、林产品等称为有机产品;把按照有机规则生产、经过有机认证,为有机生产体系提供的生产资料冠以有机的名称,如有机肥料、有机杀虫剂等。

综上可知,有机食品是目前食品质量安全体系中安全级别最高的食品,其生产环境、技术和认证过程最为规范。相对于普通食品而言,有机食品的生产需要建立全新的生产和管理体系。有机食品与国内其他优质食品的显著差别在于,前者在其生产和加工过程中绝对禁止使用农药、化肥、激素等人工合成物质,而后者则允许有限制地使用这些物质。因此,有机食品的生产要比其他食品程序复杂,加工工艺要求严格,而且需要建立全新的生产体系,采用相应的先进技术。所以有机食品是目前真正源于自然、富营养、高品质的环保型安全食品。

2. 有机农业与有机生产体系

随着土地的充分耕作和利用,人类逐渐进入了农业文明阶段,人类对自然的态度由索取、依赖,逐步转变为通过改造自然来追求耕地的产出效率。若利用现代技术手段进行过度开发,造成对自然环境的人为改变,就会打破天然环境的平衡,其结果就是对自然环境的破坏越来越严重。树木砍伐、水土流失、滥用化肥和农药残留等环境问题渐渐出现,使得人类在征服自然的同时,也饱受了自然报复的灾难。解决这一矛盾的办法就是在保证人类生存与发展的同时,尽量维护土地和环境的生态平衡,这就是有机农业的宗旨。可见有机农业的兴起,起因于日益加重的环境污染和生态破坏,已经直接危及人类的生命与健康,并给社会的持续发展带来直接或潜在的威胁。

有机农业的概念于 20 世纪 20 年代首先在法国和瑞士被提出。2008 年 IFOAM 将有机农业定义为:"有机农业是一个能够维护土壤、生态系统和人民健康的生产体系。它依靠生态化、生物多样性和因地制宜的循环生产,而不允许把不利于环境的因素引入到这一生产体系当中。有机农业将传统、创新和科技相结合,造福于人们共享的环境,促进生态均衡和一个良好的生活质量"。

欧盟制定的有机农业标准更注重强调有机生产体系的作用:有机生产是一个结合农场管理和食品生产与环境保护、生物多样性、自然资源保护以及高标准动物福利的最佳综合体系,它采用的生产方法符合某些消费者对使用天然物质和自然生产方法的要求。有机生产方法扮演着双重社会角色:一方面它为需要有机产品的消费者提供了一个特定的市场;另一方面为环境保护、动物福利以及农村发展提供了公共产品。

有机食品以有机农业生产体系为前提,属于有机生产体系中有机农业范畴;有机农业是一种完全不用化学合成的肥料、农药、生长调节剂、畜禽饲料添加剂等物质,也不使用基因工程生物及其产物的生产体系,其核心是建立和恢复农业生态系统的生物多样性和良性循环,以维持农业和环境的可持续发展。

有机农业包括了所有能促进环境、社会和经济良性发展的农业生产系统,这些系统将田地土壤肥力作为成功生产的关键,通过尊重植物、动物和景观的自然能力,达到农业和环境各方面协调发展的目标。有机农业通过禁止使用化学合成的肥料、农药和药品而减少外部物质投入,利用强有力的自然规律来增加农业产量和抗病能力。有机农业坚持世界普遍认可的原则,并根据当地的社会经济、地理气候和文化背景等情况具体实施。因此 IFOAM 强调,要发展有机基地和地区水平的自我支持系统。从这个定义可以看出有机农业的目的是达到环境、社会和经济三大效益的协调发展。有机农业非常注重当地土壤的质量,注重系统内营养物质的循环,注重农业生产要遵循自然规律,并强调因地制宜的原则。在有机农业生产体系中,作物秸秆、畜禽粪肥、豆科作物、绿肥和有机废弃物都是土壤肥力的主要来源;作物轮作以及各种物理、生物和生态措施都是控制杂草和病虫害的主要手段。有机农业生产体系的建立需要有一个有机转换过程。

尽管有机农业有众多定义,但其内涵是统一的。由于有机农业完全不用人工合成的肥料、农药、生长调节剂和家畜饲料添加剂,因此有机农业的发展可以帮助解决现代农业带来的一系列问题,如严重的土壤侵蚀和土地质量下降,农药和化肥大量使用给环境造成污染和能源的过度消耗,物种多样性的减少等。

3. 有机农业与非农业

有机农业与非农业相比较,有以下特点:

(1)可向社会提供无污染、好口味、食用安全的环保食品,有利于保障人们的身体健康,减少疾病的发生。

化肥农药的大量施用,在大幅度提高农产品产量的同时,不可避免地对农产品造成污染,给人类生存和环境污染留下隐患。目前人类疾病种类的增加,尤其各类癌症患者的大幅度上升,无不与化肥农药等污染密切相关,以往有些地方出现"谈食色变"的现象。有机农业不用化肥、农药以及其他可能会造成污染的工业废弃物、城市垃圾等,因此其产品食用就比较安全,且品质好,有利保障人体的健康安全。

(2)可以减少环境污染,有利于恢复生态平衡。

目前化肥农药的利用率很低,一般氮肥只有20%~40%,农药在作物上附着率不超过10%~30%,其余部分进入土壤、河流等造成环境污染。如化肥大量进入江湖中造成水体富营养化,影响鱼类生存;农药在杀病菌害虫的同时,也增加了害虫的抗性、杀死部分有益生物及一些中性生物,结果引起病虫再猖獗,使农业生产区域内农药的用量越来越大,施加的次数越来越多,进入生产环境的恶性循环。改用有机农业生产方式,可以减少污染,有利于恢复生态平衡。

(3)发展有机农业有利提高我国农产品在国际市场上的竞争力。

目前,实施有机农业生产模式的地区越来越多,有机产品品种也日益增加,非有机产品要想进入发达国家农产品市场首先就会面临有机产品的竞争。有机农业产品已经成为一种国际公认的高品质、无污染环保产品,因此发展有机农业可显著提高我国农产品在国际市场上的竞争力。

(4)有利于增加农村就业,提高农民收入,提高农业生产水平。

有机农业是一种劳动知识密集型产业,是一项系统工程,不仅需要大量的劳动力投入,而且也需要大量的知识和技术投入,另外还需要有全新的观念。有机农业食品在国际市场上的价格通常比普遍产品高20%~50%,有的甚至高出一倍以上。因此发展有机农业可以增加农村就业,提高农民收入,提高农业生产水平,促进农村可持续发展。

(四)国外有机食品发展概况

有机食品的发起和初步体系的形成是在20世纪70年代。最早的有机标准是1967年英国土壤协会制定的。国际有机农业运动联盟(IFOAM)于1972年11月5日在法国成立,有英国、瑞典、南非、美国和法国的五个机构代表参加,经过近三十年的发展,目前已经拥有来自100多个国家和地区的500多个集体会员,成为世界上最权威的有机农业领域的全球性组织,而且已经形成了从生产者到消费者的有机食品网络。其后许多国家相继建立了有机生产、加工、贸易、认证和有机食品相关联的培训、开发、研究等一系列的机构。欧盟、美国、日本成为目前全球最大的有机食品市场,全球至少有 130 个国家和地区在从事有机食品生产。

参与国际贸易的有机食品种类包括粮食、新鲜水果和蔬菜、油料、肉类、奶制品、蛋类、酒类、咖啡、可可、茶叶、草药、调味品等。近年来动物饲料、种子、棉花、花卉等也列为了有机产品的范畴。美国、日本、法国、丹麦、澳大利亚和中国均设立了由政府管理的有机农业管理机构,制订有关生产标准、加工标准、质量标准、管理条例及法律法规,有机食品的管理趋于成熟。

IFOAM 制订的有机生产和加工标准也为世界各国或地区认证机构制订认证标准做出了重要贡献,这些基本标准每两年修订一次,以适应有机食品产业发展的最新要求和趋势。

为了规范有机农业的发展,以欧共体为代表的国家和地区从 20 世纪 90 年代开始,逐步完成了有机农业的立法工作。国际有机农业发展和有机农产品生产的法规与管理体系主要可以分为三个层次:一是联合国层次,二是国际性非政府组织层次,三是国家层次。

(1)联合国层次的有机农业和有机农产品标准是由联合国粮农组织(FAO)与世界卫生组织(WHO)制订的,是《食品法典》的一部分,属于建议性标准。

(2)非政府组织制订的有机农业标准以 IFOAM 为代表,其影响非常大,甚至超过国家标准,许多国家在制订有机农业标准时都参考 IFOAM 的基本标准。

(3)国家层次的有机农业标准以欧盟、美国和日本为代表。欧盟的有机农业标准 EEC/No 2092/91 是 1991 年 6 月制订的,对有机农业和有机农产品的生产、加工、贸易、检查、认证以及物品使用等全过程都做了具体规定,共分十六条和八个附则。1991 年制订时,标准只包括植物生产的内容,1998 年增补了动物标准。

2007 年 6 月 28 日发布了欧盟理事会有机农业标准 EC 834/2007,接着于 2008 年 9 月 5 日又发布了欧盟委员会有机农业标准 EC 889/2008,新的有机标准补充了水产品标准,同时 EEC 2092/91 标准废止。EC 834/2007 标准对有机农业生产的基本原则进行了规定,而 EC 889/2008 则对有机生产的各个环节进行了具体的规定,两个标准侧重点有所不同。欧盟标准适用于其成员国的所有有机农产品的生产、加工、贸易。也就是说,所有进口到欧盟的有机农产品的生产过程应该符合欧盟的有机农业标准要求。因此,欧盟标准制订完成后,对世界其他国家的有机农产品生产、管理特别是贸易产生了巨大影响。

以欧盟标准为范本,1990 年美国颁布了《有机农产品生产法案》,并成立了国家有机农业标准委员会(NOSB),该委员会于 1997 年完成,2002 年开始正式执行《美国有机农业标准》;2000 年日本农林水产省也制订了《日本有机产品生产标准》。

(五)我国有机食品的发展概况

我国有机农业的发展起始于 20 世纪 80 年代。1984 年中国农业大学开始进行生态农业和有机食品的研究和开发,1988 年国家环境保护总局南京环科所开始进行有机食品的科研工作,1990 年经荷兰有机认证机构 SKAL 认证的中国有机茶叶(包括红茶和绿茶)成为首次出口到欧洲市场的中国有机食品,1994 年,国家环境保护总局有机食品发展中心(Organic Food Development Center,简称 OFDC)在南京环境科学研究所成立,正式开始国内有机天然食品的研究、开发、颁证、检测、培训和推广工作。同年正式加入国际有机农业运动联盟。

在有机食品规范制订方面,1995 年国家环境保护总局制订并发布了《有机(天然)食品标准管理章程》,OFDC 制订了《有机(天然)食品生产和加工技术规范》,1999 年制订了 OFDC 有机产品认证标准。

在与国际接轨方面,我国已经与德国 CFRS、法国 ECOCERT、英国的 SOIL ASSOCIATON、美国 OCIA、日本 JONA 和 NOAPA、马来西亚 HUMUS、泰国 ACT 等有机食品认证机构或咨询机构开始合作。国家环境保护总局有机食品发展中心(OFDC)于 2003 年正式获得国际有机农业运动联盟(IFOAM)的国际认可,2005 年通过了中国国家合格评定委员会(CNAS)的认可,成为中国第一个同时获得国内和国际认可的有机认证机构。2008 年 OFDC 接受了 IOAS 的加拿大认可评审,并于 2009 年获得了加拿大食品检验署(CFIA)的认可。

通过加入 IFOAM,提高了国内有机认证体系自身的国际知名度,并获得了国际有机组织和各国的等效认可,使我国国内的有机认证等同于各国的有机认证,极大地促进国内有机产品走向世界。

目前中国已经有 30 多个 IFOAM 会员单位,20 多个获得 IFOAM 认可的认证中心。由于国际合作和技术交流,欧盟、美国、荷兰、日本和澳大利亚的有机农业认证组织和机构,通过中国代理机构和驻中国分支在国内开展了有机认证业务。

在有机产品的开发方面,经过 20 多年的发展,我国有机食品生产基地不断增加,有机产品种类和规模不断扩大。据 OFDC 的统计,1995 年我国通过认证的有机产品主要有粮食、蔬菜、水果、奶制品、禽畜产品、蜂蜜、水产品、调料、中药材等 100 多个种类。出口的有机产品种类包括大豆、稻米、花生、蔬菜、茶叶、果品、蜂蜜、药材、有机丝绸、有机棉花等。到 2006 年底,有机食品国内销售额达到 56 亿元,2007 年市场规模已经达到 61.7 亿元,截至目前,国内有机食品的生产企业达到了 2300 多家。

从总体情况看,我国目前有机食品的生产仍处于起步阶段,目前国内生产的绝大部分有机食品面向欧美和日本等西方发达国家,相对于传统食品,国内超市中销售的有机食品凤毛麟角,农贸市场上有机食品几乎为零,而有机食品生产企业更倾向于开拓海外市场。造成这种状况的主要原因有:

(1)有机食品在发达国家发展较早,市场对食品安全的重视程度,有机食品价格高于普通食品的认可程度均高于国内市场。

(2)国内有机产品处于发展初期,生产规模较小,在生产和加工环境的改造方面由于资金投入不足、人员培训力度不够、转换期产量下降等因素,造成有机食品生产初期成本较高,国内消费群体难以接受。

(3)有机食品出口利润相对较高。

有机农业发展前景广阔,主要表现在以下几个方面:

(1)我国有着历史悠久的传统农业,在精耕细作、用养结合、地力常新、农牧结合等方面都积累了丰富的经验,这也都是有机农业的精髓。一旦有机农业耕作方式为广大农业生产者接受,很容易融入到传统农业当中。

(2)中国有地域优势,农业生态景观多样,生产条件各不相同,尽管中国农业主体仍是常规农业而依赖大量化学品,但仍有许多地方,尤其是偏远山区或贫困地区,农民很少或完全不用化肥农药,这也为有机农业的发展提供了有利的发展基础。

(3)有机农业的生产是劳动力密集型的一种产业,我国农村劳动力众多,有利于有机农业的发展,同时也可以解决大批农村劳动力的就业问题。

（4）随着国内农产品科技的发展,国家对生态农业发展的重视以及人们生活水平的提高和环保意识的增强,有机食品的国内市场将会有较大的发展空间。

目前,全球有机食品市场正在以年均 20% ~ 30% 的速度增长,2010 年超过了 1000 亿美元。2006 年中国有机食品出口额为 3.50 亿美元,仅占国际有机市场份额的 0.7%,因此发展空间较大,前景广阔。

第二节　有机食品、无公害食品的生产和加工技术

一、有机农业和有机食品

近年来,我国有机农产品的生产开始快速发展,政府也加快了对有机农产品生产的立法和管理,2005 年发布了国家有机农业标准 GB/T 19630《有机产品》作为有机产品生产和认证的基础标准。标准分为生产、加工、标识与销售和管理体系四个部分,并于 2005 年 4 月 1 日开始实施。该标准对有机产品的各个操作过程都作了具体的规定,生产部分涵盖了作物种植、食用菌栽培、野生植物采集、畜禽养殖、水产养殖、蜜蜂和蜂产品;加工部分涵盖了食品加工和纺织品加工两部分。下面以种植业为例进行简要阐述:

（一）有机产品生产基本要求

有机农业的生产基础是有机生产基地,如有机茶园、有机稻田等。有机农业中对有机作物的种植基地现状和近年来栽培历史、品种和管理进行规范,具体要求为:

（1）生产基地在最近三年内未使用过农药、化肥等违禁物质。

（2）种子或种苗来自于自然界,未经基因工程技术改造。

（3）生产基地建立有长期的土地培肥、植物保护、作物轮作和畜禽养殖计划。

（4）生产基地无水土流失、风蚀及其他环境问题。

（5）作物在收获、清洁、干燥、贮存和运输过程中无污染。

（6）从常规生产系统向有机生产转换通常需要两年以上的时间,新开荒地需至少经 12 个月的转换期才可能获证。

（7）在生产和流通过程中,必须有完善的质量控制和跟踪审查体系,并有完整的生产和销售记录档案。

（8）生产者自愿接受认证机构的监管、检查和证书的年度检验。

（二）有机农业生产环境

有机农业的生产环境是指有机作物生长地块的区位、大气环境、灌溉水、土壤和周边作物。不同类型的有机作物基地对环境的要求有所不同,具体由国家颁布相关产地环境标准决定。一般而言,有机作物的生产需要在适宜的环境条件下进行,生产基地应远离城区、工矿区、交通主干线、工业污染源、生活垃圾场,有机农产品生产地块的边界应该有明显标志,与普通地块之间必须有一定范围的过渡区域（隔离区）,能够确保有机农业生产环境以外的有害物质如未经处理的工业废水、废气、废渣、城市生活垃圾和污水等废弃物,不得进入有机农业生产用地。

基地的环境质量指标应符合以下要求:

(1)土壤环境质量符合《土地环境质量标准》GB 15618—1995 中的二级标准。

(2)农田灌溉用水符合《农田灌溉水质标准》GB 5084—2005 的规定。

(3)环境空气质量符合《环境空气质量标准》GB 3095—1996 中二级以上标准和《保护农作物的大气污染物最高允许浓度》GB 9137—1988 的规定。

(三)有机农产品生产技术规范

现阶段,国内有机农产品的生产类型主要包括农作物、畜禽、奶、蛋、蜂产品、人工食用菌菇的生产以及可食用野生植物的采集。不同类型有机农产品的具体生产技术规范差异很大,需要根据产品类型分别制定。传统栽培型农作物的生产技术规范的主要内容应包括以下方面:

(1)栽培的种子和种苗(包括球茎类、鳞茎类、植物材料、无性繁殖材料等)必须来自认证的有机农业生产系统,它们应当是适合当地土壤及气候条件,对病虫害有较强的抵抗力。选择品种时应注意保持品种遗传基质的多样性,不得使用由基因技术获得的品种、种苗。

(2)严禁使用化学物质处理的种子。在必须进行种子处理的情况下,允许使用的物质如各种植物或动物制剂、微生物活化剂、细菌接种和菌根等来处理种子。

(3)用于有机作物和食品生产的微生物必须来自于自然界,不使用来自基因工程技术的微生物种类,严禁使用人工合成的化学肥料、污水、污泥和未经堆制处理的腐败性废弃物。

(4)在有机农业生产系统内实行轮作时,轮作作物的品种应多样化,提倡多种植豆科作物和饲料作物的轮作或间种。

(5)主要使用本系统生产的、经过 1 ~ 6 个月充分腐熟的有机肥料,包括没有污染的绿肥和作物残体、秸秆、海草和其他类似物质,以及经过堆积处理的食物和林业副产品;经过高温堆肥等方法处理后,没有虫害、寄生虫和传染病的人粪尿和畜禽粪便可作为有机肥料使用;也可以使用系统外未受污染的有机肥料和经过认证的商品有机肥料。

(6)可以在非直接生食的多年生作物,以及至少四个月后才收获的直接生食作物上使用新鲜肥、好气处理肥、厌气处理肥等。但是供人们近期直接生食的蔬菜不允许使用未经处理的人畜粪尿。

(7)允许使用自然形态的未经化学处理的矿物肥料(例如矿粉、泥炭)。使用矿物肥料,特别是含氮的肥料(如干血、泥浆等)时,不能影响作物的生长环境以及营养、味道和抵抗力。

(8)允许使用木炭灰、无水钾镁矾、未经处理的海洋副产品、骨粉、鱼粉和其他类似的天然产品以及液态或粉状海草提取物,允许使用植物或动物生产的产品,如生长调节剂、辅助剂、湿润剂、矿物悬浮液等。

(9)禁止使用硝酸盐、磷酸盐、氯化物等营养物质以及会导致土壤重金属积累的矿渣和磷矿石。

(10)允许使用农用石灰、天然磷酸盐和其他缓冲性矿粉,但天然磷酸盐的使用量,总氟含量平均不得超过 0.35kg/(年·亩)。

(11)允许使用硫酸钾、铝酸钠和含有硫酸盐的痕量元素矿物盐。在使用前应先把这些物质配制成溶液,并用微量喷雾器均匀喷洒。

(12)严禁使用人工合成的化学农药和化学类、石油类以及氨基酸类除草剂和增效剂,提倡生物防治和使用生物农药(包括植物、微生物农药)。

(13)允许使用石灰、硫磺、波尔多液、植物制剂、醋和其他天然物质来防治作物病虫害。但含硫或铜的物质以及鱼藤酮、除虫菊和硅藻土等必须按规定使用。

（14）允许使用皂类物质、植物性杀虫剂和微生物杀虫剂，以及外激素、视觉性和物理捕虫设施防治虫害。

（15）提倡用平衡施肥管理、早期苗床准备和预先打穴、地面覆盖结合等措施，采用限制杂草生长发育的栽培技术（轮作、绿肥、休闲）等措施，以及机械、电力、热除草和微生物除草剂等方法来控制和除掉杂草。也可以使用塑料薄膜覆盖方法除草，但要避免农膜残留在土壤中。

（四）有机食品加工基本要求

（1）原料必须是来自于已获有机认证的产品或野生天然产品。

（2）在认证产品生产中的配料、辅料、添加剂、加工助剂或发酵材料等原辅料，不得使用经基因工程技术改造过的生物体生产出来的产品。

（3）已获得有机认证的原料在终端产品中所占的比例不得少于95%。

（4）只允许使用天然的调味料、色素和香料等辅助原料和有机认证标准中允许使用的物质，不允许使用人工合成的添加剂。

（5）有机食品在生产、加工、贮存和运输的过程中应避免化学物质的污染。

（6）生产者在有机食品加工和销售过程中要有完善的质量审查体系和完整的加工、销售记录体系。

二、无公害食品生产和加工

无公害食品与传统食品区别之处在于，它将农产品和食品的生产过程和产品品质的管理首次纳入了由国家标准规范的生产体系中。中国数千年来的农业生产过程就是农民种什么就向市场提供什么，消费者一般不关心食用的农产品是怎样种出来的，在什么环境中生长的。市场上销售的食品也是按照传统制作方式和风俗习惯加工出来的，食品的真假优劣由加工者的道德良心决定，食品的好坏全凭加工者的手艺和经验判别。推行无公害食品管理后，纳入管理的农产品和食品的生产过程必须遵循农业部制订的无公害食品行业标准，相关农产品和食品的质量必须通过国家质检总局制订的农产品安全质量国家标准的检验。因此取得无公害食品标志的农产品和食品可以被消费者认定为无污染、无毒害、安全优质。生产者要使自己的产品取得无公害标志，首先需要使涉及该产品生产的产地环境、生产加工技术和产品质量三个方面满足无公害食品生产的标准，并通过该产品的无公害食品认证。

（一）无公害食品标准

目前被认可的无公害食品涉及120多个（类）农产品种类，大多数为蔬菜、水果、茶叶、肉、蛋、奶、鱼等和城乡居民日常生活关系密切的农产品。

无公害食品标准主要包括无公害食品行业标准和农产品安全质量国家标准。无公害食品行业标准由农业部制订，是无公害农产品认证的主要依据；农产品安全质量国家标准由国家质量监督检验检疫总局制订，是无公害农产品质量检验的唯一依据。产品安全要求标准和产地环境要求标准为强制性标准，生产技术规范为推荐性标准。

1. 标准的类型

无公害食品标准的类型一般包括产地环境质量标准、生产技术标准和产品标准三方面。

标准根据食品的品种和加工方法的不同而分别制订,如蔬菜、水果、畜禽肉、水产品和茶叶的标准等,例如与无公害茶叶相关的通用标准一共有六个:

产地环境要求标准:《无公害食品　茶叶产地环境条件》(NY 5020—2001)。标准规定了无公害茶叶产地和环境条件的术语和定义,产地空气、土壤、和灌溉水质量要求和试验方法。其中农田灌溉用水指标9项(pH、汞、镉、铅、砷、铬、氟化物、氯化物、氰化物);生产加工用水质量指标9项;大气质量指标4项(总颗粒物、二氧化碳、氮氧化物、氟化物);土壤质量指标7项(汞、砷、铅、镉、铬、六六六、滴滴涕)。

生产技术标准:《无公害食品　茶叶生产技术规程》(NY/T 5018—2001)。规定了无公害茶叶生产的基本要求,包括基地的选择、规划、种植、土壤管理和施肥,病、虫和草害防治,茶树修建和茶叶采摘等。另外2006年农业部新发布了《无公害食品　茶叶生产管理规范》(NY/T 5337—2006)。

加工技术标准:《无公害食品　茶叶加工技术规程》(NY/T 5019—2001)。该标准适用于无公害茶叶的初制和精制加工,并规定了无公害茶叶加工的加工厂、人员、加工技术以及农户加工的技术要求。

产品标准:《无公害食品　茶叶》(NY 5244—2004)代替了《无公害食品　茶叶》(NY 5017—2001)。技术指标在原来的基础上增加了感官、水分、灰分、水浸出物、大肠菌群5项指标,减少了安全指标中的铜和六六六、滴滴涕、三氯杀螨醇、氰戊菊酯、甲胺磷、乙酰甲胺磷6项禁用农药。标准规定了无公害茶叶产品的要求、试验方法、检验规则和标识。强调铅、联苯菊酯、杀螟硫磷、喹硫磷、敌敌畏、乐果、氯氰菊酯、溴氰菊酯、大肠杆菌9项指标未必检的卫生安全指标。2006年农业部以推荐性行业标准发布了《无公害食品　产品抽样规范　第5部分:茶叶》(NY/T 5344.5—2006),对茶叶类产品的抽样做了进一步的明确和规定,也成为无公害农产品茶叶类产品认证检验和监督检验中产品抽样的依据和规范。

2. 标准的等级

目前我国的标准有国家标准(GB)、行业标准(NY、QB等)、地方标准(DB)和企业标准(QB)四个层次。

正式颁布的无公害食品中国家系列标准有9个,农业系列标准有441个,地方系列无公害食品标准有281个。

(二)无公害食品产地环境要求

无公害食品的生产首先受地域环境质量的制约,只有在生态环境良好的农业生产区域内才能生产出优质、安全的无公害食品。因此,无公害食品产地环境质量标准对产地空气、农田灌溉水质、渔业水质、畜禽养殖用水和土壤等各项指标以及浓度限值做出了明确规定:一是强调无公害食品必须产自良好生态环境的地域,保证无公害食品的最终产品无污染和安全;二是促进对无公害食品产地环境的保护和改善。

为了提高农产品的食用安全,保护人体健康和生命安全,发展无公害农产品,目前实施发布的无公害食品通用产地环境要求国家标准有5个,规范了五大类无公害产品的基本生产环境。这5个国家系列标准分别是:《农产品安全质量　无公害蔬菜产地环境要求》(GB/T 18407.1—2001)、《农产品安全质量　无公害水果产地环境要求》(GB/T 18407.2—2001)、《农产品安全质量　无公害畜禽肉产地环境要求》(GB/T 18407.3—2001)、《农产品安

全质量　无公害水产品产地环境要求》(GB/T 18407.4—2001)及《农产品安全质量　无公害乳与乳制品产地环境要求》(GB/T 18407.5—2003)。

前两个标准对影响无公害蔬菜和水果生产的水、空气、土壤等环境条件按照现行国家标准的有关要求,结合无公害生产的实际做出了规定,为无公害蔬菜和水果产地的选择和建设提供了环境质量依据。

《农产品安全质量　无公害畜禽肉产地环境要求》(GB/T 18407.3—2001)对影响畜禽生产的养殖场、屠宰和畜禽类产品加工厂的选址和设施,畜禽饮用水、环境空气质量及加工厂水质指标及相应的试验方法,防疫制度及消毒措施等方面做了明确的规定和要求。从而为规范畜禽产品生产加工环境质量,促进中国畜禽产品质量的提高,加强产品安全质量管理,规范市场,促进农产品贸易的发展,保障人民身体健康,维护生产者、经营者和消费者的合法权益奠定了理论基础,为生产者、经营者和消费者的维权提供了依据。

《农产品安全质量　无公害水产品产地环境要求》(GB/T 18407.4—2001)对水产品生产的产地环境、水质要求和检验方法等做了规定,规范了中国无公害水产品的生产环境,保证无公害水产品正常生长和水产品的安全质量,促进中国无公害水产品的生产。

《农产品安全质量　无公害乳与乳制品产地环境要求》(GB/T 18407.5—2003)则适用于在我国的奶牛养殖场、乳制品加工厂及乳运输与存储单位,在标准中规定了无公害乳与乳制品产地环境、水、土壤质量要求、试验方法、评价原则、防疫措施及其他要求。

(三)无公害食品产品安全要求

在现实的自然环境和技术条件下,要生产出完全不受有害物质污染的食品有很大的难度,这里所谓的"无公害"是指产品中对人体有害的重金属、农药残留和有害菌群的含量被控制在标准允许的范围内,获得证书的产品可以基本保证该食物对人体安全。

在技术层面上实现被管理对象的安全性要求,主要通过对被检测对象中有害成分的定量检测,检测的依据是产品标准。目前已实施的规范无公害食品安全要求的国家标准有四个:

1.《农产品安全质量　无公害蔬菜安全要求》(GB 18406.1—2001)

标准对无公害蔬菜中重金属、硝酸盐、亚硝酸盐和农药残留给出了限量要求和试验方法,这些限量要求和试验方法均采用了国家标准。同时也对各地开展农药残留监督管理而开发的农药残留量简易测定给出了方法原理,旨在推动农药残留简易测定法的探索与完善。

2.《农产品安全质量　无公害水果安全要求》(GB 18406.2—2001)

标准对无公害水果中重金属、硝酸盐、亚硝酸盐和农药残留给出了限量要求和试验方法,这些限量要求和试验方法也采用了相应的国家标准。

3.《农产品安全质量　无公害畜禽肉安全要求》(GB 18406.3—2001)

标准对无公害畜禽肉产品中重金属、亚硝酸盐、农药和兽药残留给出了限量要求和试验方法,并对畜禽肉产品微生物指标做了规定和要求,这些有毒有害物质限量指标、微生物指标和试验方法采用了国家标准和相关的行业标准。

4.《农产品安全质量　无公害水产品安全要求》(GB 18406.4—2001)

标准对无公害水产品中的感官、鲜度及微生物指标做了规定和说明,并给出了相应的试验方法。

(四)无公害食品技术规程

无公害食品的生产技术规程针对农、林、牧、渔等几个大类,具体产品种类的规程可在申请认证过程中按作物种类、畜禽种类以及不同农业区域的生产特性分别制定。一般来说生产技术规程是针对农业生产的栽培和初加工阶段,而加工技术规程是规范使用农产品原材料生产可直接食用食品的技术操作。目前,农业部颁布的441个现行无公害食品标准中生产技术标准有29个,这些技术标准主要用于指导无公害食品生产活动,包括农产品种植、畜禽饲养、水产养殖和食品加工等技术操作规程,是无公害食品质量控制的关键环节。

(五)无公害农产品 蔬菜瓜果生产技术规程(案例)

无公害农产品生产过程中常用的农业综合防治措施有以下几个方面:

1. 选用抗病良种

选择适合当地生产的高产、抗病虫、抗逆性强的优良品种,少施药或不施药,是防病增产经济有效的方法。

2. 栽培管理措施

对无公害农产品进行栽培管理的措施主要体现在:一是对保护地蔬菜实行轮作倒茬,如瓜类的轮作不仅可明显的减轻病害而且有良好的增产效果;温室大棚蔬菜种植两年后,在夏季种一季大葱也有很好的防病效果。二是清洁田园,彻底消除病株残体、病果和杂草,集中销毁或深埋,切断传播途径。三是采取地膜覆盖,膜下灌水,降低大棚湿度。四是实行配方施肥,增施腐熟好的有机肥,配合施用磷肥,控制氮肥的施用量,生长后期可使用硝态氮抑制剂双氰胺防止蔬菜中硝酸盐的积累和污染。五是在棚室通风口设置细纱网,以防白粉虱、蚜虫等害虫的入侵。六是深耕改土、垅土法等方法改进栽培措施。七是推广无土栽培和净沙栽培。

3. 生态防治措施

主要通过调节棚内温湿度、改善光照条件、调节空气等生态措施,促进蔬菜健康成长,抑制病虫害的发生。常采用的生态防治措施有:一是"五改一增加"。即改有滴膜为无滴膜,改棚内露地为地膜全覆盖种植,改平畦栽培为高垅栽培,改明水灌溉为膜下暗灌,改大棚中部放风为棚脊高处放风;增加棚前沿防水沟,集棚膜水于沟内排除渗入地下,减少棚内水分蒸发。二是在冬季大棚的灌水上,掌握"三浇三不浇三控"技术,即晴天浇阴天不浇、上午浇下午不浇、暗水浇明水不浇;苗期控制浇水、连阴天控制浇水、低温控制浇水。三是在防治病虫害方面,能用烟雾剂和粉尘剂防治的不用喷雾防治,减少棚内湿度。四是常擦拭棚膜,保持棚膜的良好透光,增加光照,提高温度,降低相对湿度。五是在防冻害方面,通过加厚墙体、双膜覆盖,采用压膜线压膜减少孔洞,加大棚体,挖防寒沟等措施,提高棚室的保温效果,能使相对湿度降到80%以下,可提高棚温3℃~4℃,可有效减轻蔬菜的冻害和生理病害。

4. 物理防治技术

(1)晒种、温汤浸种。播种或浸种催芽前,将种子晒2d~3d,可利用阳光杀灭附在种子上的病菌;茄、瓜、果类的种子用55℃温水浸种10min~15min,均能起到消毒杀菌的作用;用10%的盐水浸种10min,可将混入芸豆、豆角种子里的菌核病残体及病菌漂出和杀灭,然后用清水冲洗种子、播种,可防菌核病,用此法也可防治线虫病。

(2)利用太阳能高温消毒、灭病灭虫。菜农常用方法是高温闷棚或烤棚。夏季休闲期间,将大棚覆盖后密闭选晴天闷晒,温度可达 60℃ ~ 70℃、闷棚 5d ~ 7d 可杀灭土壤中的多种病虫害。

(3)嫁接栽培。利用黑籽南瓜嫁接黄瓜、西葫芦,能有效地防治枯萎病、灰霉病,且抗病性和丰产性高。

(4)诱杀。利用白粉虱、蚜虫的趋黄性,在棚内设置黄油板、黄水盆等诱杀害虫。

(5)喷洒无毒保护制和保健剂。蔬菜叶面喷洒巴母兰 400 ~ 500 倍液,可使叶面形成高分子无毒脂膜,起预防污染效果;叶面喷施植物健生素,可增加植株抗虫病害能力,且无腐蚀、无污染,安全方便。

5. 科学合理施用农药

严禁在蔬菜上使用高毒、高残留农药,如甲基异硫磷、久效磷、磷胺、甲胺磷、氧化乐果、六六六、滴滴涕、有机汞杀菌剂、二苯醚类除草剂、有机氯杀虫剂、卤代烷类熏蒸杀虫剂等,都禁止在蔬菜上使用。

选用高效、低毒、低残留农药杀虫。严格执行农药的安全使用标准,控制用药次数、用药浓度,并注意用药安全间隔期,特别提醒要在安全采收期内采收食用。

第三节 有机产品、绿色食品和无公害农产品认证

有机产品、绿色食品和无公害农产品的确认都必须经过申请、核查、检验等认证程序,认证通过后才能够获得包装标识使用许可,成为相应级别的食品,上市销售。

2005 年以前,国内有机食品的认证是由国家环境保护总局有机食品发展中心(OFDC)等机构认证,绿色食品和无公害食品是由农业部中绿华夏有机食品认证中心(COFCC)等政府或政府授权机构进行认证。

2005 年国家认证认可监督管理委员会发布了《有机产品认证实施规则》,同年国家质检总局发布了《有机产品认证管理办法》,进一步规范了有机产品的认证活动。规定有机认证机构本身获得国家认监委的认证资格后才能够向社会开展有机认证活动。因此我国此类产品质量认证实际上是政府监管下的第三方认证,与发达国家认证体系类似,体现了与国际接轨的发展趋势。OFDC 和 COFCC 也转变成为国内获得认证资质的第三方认证机构。目前国内获得有机认证资质的机构有 30 多家,其中除国内认证机构外还包括了欧盟、美国、日本等国外认证机构在我国国内的授权或者代理认证机构。

国内权威的认证机构有国家环境保护总局有机食品发展中心(OFDC)、农业部农产品质量安全中心、北京中绿华夏有机食品认证中心(COFCC)以及北京爱科赛尔认证中心有限公司(ECOCERT)等。

国外知名度较高的认证机构有欧盟认可的认证机构 QC&I,美国认可的认证机构 IBD,荷兰认可的认证机构 SKAL,欧盟、美国、日本认可的 IMO 以及法国国际生态认证中心等。

一、有机产品认证

(一)有机产品认证的基本概念

有机产品认证是对按照有机农业生产方式进行生产活动、生产符合要求的有机产品的一

种国际认可方式,具有普遍性。

具体而言,有机产品认证是指认证机构按照有机产品国家标准和《有机产品认证管理办法》的规定对有机产品生产和加工过程进行评价和认定的一项活动。为了进一步规范认证活动,国家制定了统一有机产品认证基本规范和规则,统一的合格评定程序,统一的标准,统一的标志。

国家认证认可监督管理委员会(简称国家认监委)负责有机产品认证活动的统一管理、综合协调和监督工作,地方质量技术监督部门和各地出入境检验检疫机构按照各自职责,依法对所辖区域内有机产品认证活动实施监督检查。凡是在中华人民共和国境内从事有机产品认证以及有机产品生产、加工、销售等活动,都应当遵守《有机产品认证管理办法》。认证机构必须取得认监委授权的认证资质才能够对外开展认证活动。

由于有机产品生产的国际性,国家按照"平等互利"的原则开展有机产品认证认可的国际互认和国外机构或组织在我国境内的认证资质审查和批准。

(二)有机产品的标志及其含义

1.有机产品的标志

国家质量监督检验检疫总局于 2004 年 9 月 27 日颁布实施了《有机产品认证管理办法》。办法对有机产品认证的要求、程序等做了明确的规定,同时也规定了中国有机产品认证标志和中国有机转换产品认证标志的获取方法及使用要求。具体标识见图 8-1。

C:100 M:0 Y:100 K:0
C:0 M:60 Y:100 K:0

中国有机产品认证标志
(ORGANIC)

C:0 M:40 Y:100 K:40
C:0 M:60 Y:100 K:0

中国有机转换产品认证标志
(CONVERSION TO ORGANEC)

欧盟有机产品认证标志
(ORGANIC)

图 8-1　有机产品标志

2.有机产品标志的含义

"中国有机产品标志"的主要图案由三部分组成,既外围的圆形、中间的种子图形及其周围的环形线条。

标志外围的圆形形似地球,象征和谐、安全,圆形中的"中国有机产品"字样为中英文结合方式。既表示中国有机产品与世界同行,也有利于国内外消费者识别。

标志中间类似于种子的图形代表生命萌发之际的勃勃生机,象征了有机产品是从种子开始的全过程认证;同时昭示出有机产品就如同刚刚萌发的种子,正在中国大地上茁壮成长。

种子图形周围圆润自如的线条象征环形道路,与种子图形合并构成汉字"中",体现出有机产品植根于中国,有机之路越走越宽广。同时,处于平面的环形又是英文字母"C"的变体,种子形状也是"O"的变形,意为"China Organic"。

绿色代表环保、健康,表示有机产品给人类的生态环境带来完美与协调。橘红色代表旺盛的生命力,表示有机产品对可持续发展的促进作用。

(三)有机产品的认证程序

有机认证的程序各认证机构对有机产品的认证程序有所差异,但都必须遵循《有机产品认证管理办法》。如 OFDC 的认证程序为:

(1)申请者向国家环境保护总局有机产品发展中心(OFDC)索取申请表。

(2)申请人将填好的申请表回传,中心根据申请表所反映的情况决定是否受理。若同意受理,则书面通知申请人。申请人向中心交纳申请费后,中心将全套调查表及有关资料寄给申请人。

(3)申请人将填好的调查表寄回,中心将对反馈的调查表进行审查,若未发现有明显违反有机产品颁证标准的行为,将与申请人签订审查协议。一旦协议生效,中心将派出检查员,对申请人的生产基地、加工厂及贸易情况等进行现场审查(包括采集样品)。

(4)检查员将现场检查情况写成正式报告报送 OFDC 颁证委员会。

(5)颁证委员会定期召开会议,对检查员提交的检查报告及相关材料依照有关程序和规范进行评审,并给出评审意见,通常有以下几种不同的颁证结果:

①同意颁证。申请者的产品若全部符合有机产品认证要求,可以分别发给"OFDC 有机农场证书"或"OFDC 有机加工证书"以及"OFDC 有机贸易证书",在此情况下,申请者申请认证的产品可以作为有机产品进行市场交易。

②有条件颁证。在此情况下,申请者的某些生产条件或管理措施需要改进,只有在申请者的这些生产条件或管理措施满足认证要求,并经 OFDC 确认后,才能获得颁证。

③不能获得颁证。生产者的某些生产环节或管理措施不符合有机生产标准,不能通过 OFDC 认证。在此情况下,颁证委员会将书面通知申请人不能颁证的原因。

④如果申请人的生产基地是因为在一年前使用了禁用物质或生产管理措施尚未完全建立等原因而不能获得颁证,其他方面基本符合要求,并且打算以后完全按照有机农业方式进行生产和管理,则可颁发"有机农场转换证书",从该基地收获的产品也可作为有机转换产品销售。

(6)对通过认证的有机生产、加工和贸易者颁发有关证书,并签订 OFDC 标志使用协议。申请者可将填妥的申请表发 E - mail 到 OFDC 颁证管理部。

(四)有机认证产品证书的时效性

有机认证证书的有效期为一年,即取得证书后每年都需要接受检查员对该产品的生产基地、加工环节和产品质量检查,年度检查不能通过时证书立即取消。可见有机认证产品的基本要求是从产品生产基地、加工环节、产品质量,直至产品销售的全过程进行监督。

(五)有机产品标志的使用

根据证书类别和《有机产品标志使用管理规则》的要求,签订《有机产品标志使用许可合同》,并办理有机产品商标的使用手续。

有机产品认证标志分为中国有机产品认证标志和中国有机转换产品认证标志两种。中国有机产品认证标志标有中文"中国有机产品"字样和相应英文(ORGANIC);在有机产品转换期内生产的产品或者以转换期内生产产品为原料的加工产品,应当使用中国有机转换产品认证标志。该标志标有中文"中国有机转换产品"字样和相应英文(CONVERSION TO ORGANIC)。

有机产品认证标志应当在有机产品认证证书限定的产品范围、数量内使用,获证单位或个人,应按规定在获证产品或者产品的最小包装上加注有机产品认证标志。获证单位或个人可将有机产品认证标志印制在获证产品标签、说明书及广告宣传材料上,并可以按照比例放大或缩小,但不得变形、变色。在获证产品或者产品最小包装上加注有机产品认证标志的同时,应当在相邻部位标注有机产品认证机构的标识或者机构名称,其相关图案或者文字应当不大于有机产品认证标志。

产品中获得有机认证的配料含量等于或者高于95%的加工产品,可以在产品或者产品包装及标签上标注"有机"字样;有机配料含量低于95%且高于70%(含70%)的加工产品,可以在产品或者产品包装及标签上标注"有机配料生产"字样;有机配料含量低于70%的加工产品,只能在产品成分表中注明某种配料为"有机"字样。

对于检查不合格的有机产品,认证机构在做出撤销、暂停使用有机产品认证证书决定的同时,应当监督有关单位或个人停止使用、暂时封存或者销毁该有机产品认证标志,该产品不得再以有机产品的身份进行宣传和销售。

二、绿色产品认证

有关绿色产品的认证具体见第六章《绿色食品的认证与管理》部分。

三、无公害农产品认证

无公害农产品是指产地环境、农业投入品、生产过程和产品质量符合国家有关标准和规范的要求,经认证合格获得认证证书并允许使用无公害农产品标志,未经加工或者初加工的食用农产品。

无公害农产品认证是依据国家认证认可制度和相关政策法规及程序,按照无公害农产品标准,对未经加工或初加工食用农产品的产地环境、农业投入品、生产过程和产品质量进行全过程审查认证,向审查合格的农产品颁发无公害农产品认证证书,并允许使用全国统一的无公害农产品标志的活动。无公害农产品认证是政府推动的公益性认证,不收取任何费用。检验检测机构对无公害农产品的质量检验按国家规定收取相关费用。

无公害农产品认证证书的有效期为三年,期满需要继续使用的,应当在有效期满九十日前按照本程序规定的无公害农产品产地认定程序重新办理。

(一)无公害农产品(畜牧业产品)认证

无公害农产品认证的主要依据是农业部、认监委发布的《无公害农产品行动计划》、《无公害农产品管理办法》、《无公害农产品标志管理办法》、《无公害农产品产地认证程序》和《无公害农产品认证程序》,以及农业部及农业部农产品质量安全中心发布的无公害农产品标准等技术规范等法规文件。

无公害农产品的认证是政府行为,由农业部农产品质量安全中心(以下简称"中心")进行认证,部分业务授权省级农业行政主管部门组织完成,认证步骤主要有材料审查、产品抽样检测、生产过程控制和管理措施制度的审查、专家评审、颁发证书、核发无公害农产品标志和公告。

上;捆扎带标识用于需要进行捆扎的无公害农产品上;揭露式纸质标识直接加贴于无公害农产品上或产品包装上;揭露式塑质标识加贴于无公害农产品内包装上或产品外包装上。

（1）无公害农产品标志是由农业部和国家认监委联合制定并发布,是加施于获得农业部无公害农产品认证的产品或产品包装上的证明性标识。印制在包装、标签、广告、说明书上的无公害农产品标志图案,不能作为无公害农产品标识使用。

（2）无公害农产品标志使用是政府对无公害农产品质量的保证和对生产者、经营者及消费者合法权益的维护,是县级以上农业部门对无公害农产品进行有效监督和管理的重要手段。因此,要求所有获证产品以"无公害农产品"称谓进入市场流通,均需在产品或产品包装上加贴标志。

（3）标志除采用多种传统静态防伪技术外,还具有防伪数码查询功能的动态防伪技术。因此,使用该标志是无公害农产品高度防伪的重要措施。

第四节 绿色食品与无公害农产品、有机产品的关系

《中华人民共和国食品安全法》于2009年2月28日公布。绿色食品、有机产品与无公害农产品均为政府主导推广实施的认证农产品生产体系。就食品对人体健康而言,无公害农产品是国内认证食品中安全级别最低的食品,一般食品都应达到的安全级别;绿色食品分为绿色A级和AA级,A级安全等级高于无公害农产品,AA级的生产标准基本上等同于有机农业标准;有机产品除注重食品安全以外,更强调生产过程的环保和耕作方式对环境的要求,有机产品是食品行业安全级别的最高标准。

一、绿色食品与有机产品、无公害农产品三者概念关系

1. 无公害农产品

无公害农产品是指产地环境、生产过程、产品质量符合国家有关标准和规范的要求,经认证合格获得认证证书并允许使用无公害农产品标志的未经加工或初加工的食用农产品。无公害农产品在生产过程中允许限量、限种类、限时间地使用化学合成物质（如农药、化肥、植物生长调节剂等）但其农药、重金属、硝酸盐及有害生物（如病原菌、寄生虫卵等）等有毒、有害物质的残留量均限制在允许范围之内。无公害农产品中有害物质的含量符合规定标准,由于进行无公害农产品认证的农产品大多数是可以直接食用的果蔬,消费者通常将无公害农产品及其加工后的食品称为无公害农产品。

2. 绿色食品

绿色食品是指遵循可持续发展原则,按照特定生产方式进行生产,经专门机构认定,许可使用绿色食品标志商标的无污染、安全、优质、营养类食品的统称。

绿色食品概念和认证标志体系是我国农业部建立的（国外没有这一概念和体系）。

无污染、安全、优质、营养是绿色食品的特征。无污染是指在绿色食品生产、加工过程中,通过严格监测、控制,防范农药残留、放射性物质、重金属、有害细菌等对食品生产各个环节的污染,以确保绿色食品产品的卫生安全。

为适应我国消费者的需求及当前我国农业生产发展水平与国际市场竞争,从 1996 年开始,在申报审批过程中将绿色食品区分 A 级和 AA 级。

A 级绿色食品指在生态环境质量符合规定标准,生产过程中允许限量使用限定种类的化学合成物质,按特定的操作规程进行生产、加工,产品质量及包装经检验检测符合特定标准,并经专门机构认定,许可使用 A 级绿色食品标志的产品。

AA 级绿色食品是指在环境质量符合规定标准的要求,生产过程中不使用任何有害化学合成物质,按特定的操作规程进行生产、加工,产品质量及包装经检验检测符合特定标准,并经专门机构认定,许可使用 AA 级有绿色食品标志的产品。AA 级绿色食品标准已经达到甚至超过国际有机农业运动联盟有机产品的基本要求。

3. 有机产品

以有机农业方式生产、加工,符合有关有机标准的要求,并通过专门的认证机构认证和监管的农副产品及其加工品。

目前,食品安全问题普遍得到国内外关注,国内同时推广无公害农产品、绿色食品和有机产品的认证。要解决食品无公害问题的战略进程一是实施无公害农产品行动计划;二是发展绿色食品;三是开发有机产品。我国的无公害农产品、绿色农产品和有机农产品正在逐步成为百姓消费的热点。然而在无公害蔬菜、绿色蔬菜和有机蔬菜的研究、推广、销售和消费过程中,发现不论是生产者,还是大众消费者,他们对三类蔬菜的认识、区别等还有不少问题。为此,我们结合开发,参考相关资料,就有关问题进行阐述。

二、无公害蔬菜、绿色蔬菜、有机蔬菜的主要不同点

1. 发源地、产生的时间和背景不同

无公害农产品主要起源于中国。无公害农产品是在我国农产品质量安全和环境污染备受关注的背景下提出的。侧重解决农产品中有毒有害物质等已成为"公害"的问题。2002 年我国启动了"无公害农产品行动计划",建起了 100 个国家级无公害农产品生产基地,并相继出台了 200 多项无公害农产品行业标准。

绿色食品起源于中国。绿色食品的发展主要是由于我国改革开放后,农副产品由紧缺到相对过剩,人们开始注重身体健康和食品安全,特别是环境污染和产品安全问题的凸显和经济的全球化,使绿色食品遇到了前所未有的发展机遇。1990 年农业部正式宣布向社会推出发展绿色食品,实施绿色食品工程。

有机产品起源于国外。国际上有机产品起源于 20 世纪 70 年代,以 1972 年国际有机农业运动联盟(IFOAM)的成立为标志。产生的背景是发达国家农产品过剩与生态环境恶化的矛盾以及环保主义运动。IFOAM 的宗旨是推动世界各国有机的农业发展,开发有机产品生产和营销。我国从 1989 年开始有机产品的研究与开发。1994 年国家环境保护总局在南京成立有机产品发展中心,标志着有机农产品在我国迈出了实质性的一步。

2. 目标定位不同

无公害蔬菜以规范农业生产、保障基本安全、满足大众消费为目标,达到中国普通蔬菜的质量水平。绿色食品蔬菜以提高生产水平、环境良好、食品安全优质、满足人们更高需求、增强国内外市场竞争力为目标,达到发达国家普通食品的质量水平。有机蔬菜则以保持良好生态环境、回归自然、人与自然的和谐发展为目标,达到生产国或销售国普通蔬菜的质量水平。

无公害农产品保证人们对食品质量安全最基本的需求,符合国家食品卫生质量标准是最基本的市场准入条件满足大众安全消费的需求;绿色食品达到了国家的先进标准要求,满足人们对食品质量高层次的需求;有机产品则是满足更高层次的安全消费。所以可以把它们分为三个档次,即无公害农产品基本档次、A级绿色食品是第二档次、AA级绿色食品和有机产品为最高档次。

3. 产品的安全级别不同

有机产品在生产加工过程中绝对禁止使用化肥、农药、除草剂、合成色素、激素等人工合成物质,强调食品的安全性、对环境的友好和可持续发展,A级绿色食品生产中允许限量使用化学合成生产资料,AA级绿色食品则较为严格地要求在生产过程中不使用化学合成的肥料、农药、兽药、饲料添加剂、食品添加剂和其他有害于环境和健康的物质。有机产品不允许使用基因工程技术,无公害农产品和绿色食品没有禁止使用基因工程技术和辐射技术;同时有机农业还禁止使用有害于环境和健康的物质,不允许采用有害环境的耕作方式。

就同一类食品而言,无公害农产品产品标准与绿色食品产品标准的主要区别是:二者卫生指标差异很大,绿色食品产品卫生指标明显严于无公害农产品产品卫生指标。以黄瓜为例,无公害农产品黄瓜卫生指标11项,绿色食品黄瓜卫生指标18项;无公害农产品黄瓜卫生要求敌敌畏不大于0.2mg/kg,绿色食品黄瓜卫生要求敌敌畏不大于0.1mg/kg。另外,绿色食品蔬菜还规定了感官和营养指标的具体要求,而无公害蔬菜没有。绿色食品有包装通用准则,无公害农产品无相关规定。按照国家法律法规规定和食品对人体健康、环境影响的程度,无公害农产品的产品标准和产地环境标准为强制性标准,生产技术规范为推荐性标准;有机产品则完全禁止使用农药和化肥,产品检验报告中对农药的检出要求是"未检出"。

4. 认证机构和监管方式不同

在我国,有机产品的认证机构最初是国家环境保护总局有机产品发展中心认证,目前已经与国际接轨,采用由第三方认证的方式认证和监管,即由政府授权、认可的认证机构按法规、条例实施认证。有机食品以检查认证为主,依靠检查员现场检查和辅导来进行认证。

绿色食品由农业部中国绿色食品发展中心负责全国绿色食品的统一认证和最终认证审批,在全国各省、市、自治区设立的70个委托管理机构进行管理。近年来开始向第三方认证方式改变,把绿色食品标准作为一种特定的产品质量证明商标注册,并以技术标准为依据,实行检查、检验相结合的全程质量控制,主要采取质量认证和证明商标管理相结合的方式认证。

无公害农产品的认证由农业部中国农产品质量安全中心及其委托授权的省级认证检测单位负责,采用产地认定与产品认证相结合和检测为主、检查为辅的方式认证。

5. 认证过程与监管侧重点不同

有机产品和AA级绿色食品的认证实行检查员制度,在认证方法上是以实地检查认证为主,检测认证为辅,注重生产方式,认证重点是农事操作的真实记录和生产资料购买及应用记录等。A级绿色食品和无公害农产品的认证是以检查认证和检测认证并重的原则,同时强调从"土地到餐桌"的全过程质量控制,注重产品质量。在环境技术条件的评价方法上,采用了调查评价与检测认证相结合的方式。在生产过程中,对生产资料的投入物和生产操作规程进行检查监督,对申报产品进行质量与安全检测,对已获得标志的产品实行年度普检制度;无公害农产品采用的是对产品进行质量检测的方式进行管理。

无公害食品的认证监管方式属政府行为,由农业部门、国家质量检验检疫部门和国家认证认可监督管理委员会分工负责。认证标志、程序及产品目录等由政府统一发布,产地认定与产品认证相结合的方式。

有机产品在土地生产转型方面有严格规定。考虑到某些物质在环境中会残留相当一段时间,土地从生产其他食品到生产有机产品需要 2~3 年的转换期,而生产绿色食品和无公害农产品则没有转换期的要求。

有机产品在数量上进行严格控制,要求定地块、定产量,生产其他食品没有如此严格的要求。

总之,生产有机产品比生产其他食品难度要大,需要建立全新的生产体系和监控体系,采用相应的病虫害防治、地力保持、种子培育、产品加工和贮存等替代技术。

6. 执行的标准不同

就有机产品而言,不同的国家,不同的认证机构,其标准不尽相同。2002 年 12 月美国公布了有机产品全国统一的新标准;日本在 2001 年 4 月颁布了有机产品法(JAS 法);欧洲国家基本使用欧盟统一标准 EEC/No 2092/91 及其修正案和 1804/99 有机农业条例。目前,以国际有机农业运动联盟的基本标准为代表的民间组织标准和各国政府推荐性标准并存,强调生产过程的自然与回归,与传统所指的检测标准无可比性。1995 年我国国家环境保护总局制订并发布了《有机(天然)食品标准管理章程》(试行),OFDC 制订了《有机(天然)食品生产和加工技术规范》,初步建立了中国有机产品生产标准和认证管理体系。

我国的绿色食品标准是由中国绿色食品发展中心组织制订的,为推荐性国家农业行业标准。A 级标准是参照联合国粮农组织和世界卫生组织食品法典委员会(CAC)的标准、欧盟质量安全标准制订的,高于国内同类标准的水平;AA 级的标准是根据 IFOAM 有机产品的基本原则,参照欧盟及有关国家有机产品认证机构的标准结合我国的实际情况而制订。

无公害农产品执行的是国家质量监督检验检疫总局发布的国家标准及农业部发布的行业标准。2001 年国家质量监督检验检疫总局发布了 8 项无公害农产品安全质量标准,其中涉及蔬菜的有《农产品安全质量 无公害蔬菜安全要求》(GB 18406.1—2001)和《农产品安全质量 无公害蔬菜产地环境要求》(GB/T 18407.1—2001)。无公害蔬菜的产品标准、环境标准和生产资料的使用标准均为强制性的国家及行业标准,生产操作规程为推荐性的国家行业标准,其中部分指标等同于国内普通食品标准,部分指标高于国内普通食品标准。

7. 标志不同

实施有机农业的国家和组织规定了各自的有机产品标志。我国有机产品发展初期各个认证机构公布了自己的有机产品认证标志,2004 年国家质量监督检验检疫总局公布的《有机产品认证管理办法》正式统一了国内有机产品认证标志。

绿色食品的标志在我国是统一的,也是唯一的,它是由中国绿色食品发展中心制订并在国家工商局、香港和日本注册的质量认证商标。

无公害农产品的标志最初由于认证机构不同而有所差异。山东、湖南、天津、江苏、黑龙江、广东、湖北等省、市分别制订了各自的无公害农产品标志,目前无公害农产品已执行全国统一的标志。

8. 运作方式不同

无公害农产品认证由政府推动,并在适当时候推行强制性认证;绿色食品采取质量认证制度与商标使用许可制度相结合的运作方式,是一种以质量标准为基础的,技术手段和法律手段

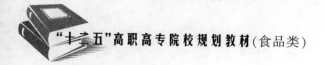

有机结合的管理行为,即所谓的以市场运作为主,政府推动为辅。有机食品是推荐标准,政府引导,完全市场化的运作方式,与国际通行做法接轨。

9. 生产基础与产地环境不同

无公害农产品的生产基础是现代化农业生产,要求优质、高产、高效,无公害蔬菜执行《农产品安全质量 无公害蔬菜产地环境要求》(GB/T 18407.1—2001)。

绿色食品的生产是生态农业与现代农业相结合,产地大气、水体、土壤等质量标准符合2000年农业部发布实施的《绿色食品 产地环境技术条件》(NY/T 391—2000)。

有机产品生产属有机农业栽培技术体系,靠自然调节和系统内物质与能量平衡。产地环境洁净、无污染,在纯净、自然的条件下生产产品,原料产地至少三年未使用人工合成化学物质;基地无水土流失、风蚀及其他环境问题(包括大气污染),土壤、灌溉水符合国家有关标准。

 思 考 题

1. 什么是有机产品?
2. 什么是无公害农产品?
3. 有机产品和无公害农产品的认证和监管机制有何差别?

参考文献

[1]李花粉,乔玉辉,孟凡乔主译.国际有机农业标准汇编.北京:中国农业大学出版社,2003

[2]张放.有机食品生产技术概论.北京:化学工业出版社,2006

[3]黄友谊.无公害茶叶安全生产手册.北京:中国农业出版社,2008

[4]谭细芬.绿色食品管理与消费者行为研究.华中农业大学,2010

[5]http://www.greenfood.org.cn/sites/MainSite/List_2_2453.html.中国绿色食品网,绿色食品统计年报

[6]钱易.环境保护与可持续发展.北京:高等教育出版社,2000

[7]何景新,张洁,谢天丁主编.农作物绿色食品申报指南.北京:中国农业科学技术出版社,2009

[8]赵晨霞.安全食品标准与认证.北京:中国环境科学出版社,2007

[9]欧阳喜辉.食品质量安全认证指南.北京:中国轻工业出版社,2003

[10]赵晨霞.绿色食品检测技术.北京:中国农业出版社,2005

[11]谢焱.绿色食品知识问答.北京:中国标准出版社,2007

[12]王文焕,李崇高.绿色食品概论.北京:化学工业出版社,2008

[13]鞠剑峰.绿色食品生产基础.哈尔滨:黑龙江人民出版社,2007

[14]谭济才.绿色食品生产原理与技术.北京:中国农业出版社,2005

[15]梅洪常,邓莉.绿色食品产业化研究.北京:经济管理出版社,2005

[16]刘连馥.绿色食品导论.北京:企业管理出版社,1998

[17]江汉湖.食品安全性与质量控制.北京:中国轻工业出版社,2004

[18]李秋洪,袁泳.绿色食品产业与技术.北京:中国农业科学技术出版社,2002

[19]胡秋辉,王承明.北京:中国计量出版社,2006

[20]徐文燕.中国绿色食品拓展国际市场战略研究.北京:中国农业出版社,2005

[21]迟建福.黑龙江省绿色食品开发与实践.哈尔滨:东北农业大学出版社,2001

[22]陈家长.水产养殖水质调控食用技术.渔业现代化,2002(6):22~23

[23]田辉,绿色消费:当代消费发展大趋势.林业经济,2003(3):35~36

[24]朱小艳,邓国用.我国绿色食品消费发展现状、问题及对策探讨.企业家天地:理论版,2010(2):30~31

[25]陈福明.绿色食品产业与中国绿色农业的可持续性发展战略.安徽农业科学,2007,35(4):1187~1188

[26]苗青松,赵开兵.安徽省绿色食品发展现状分析及对策.安徽农业科学,2007,35(15):4669~4670,4675

[27]燕香梅.沈阳市绿色食品发展现状及应对措施研究.安徽农业科学,2007,35(6):1819~1833

[28]夏友富,陈昊扬.日本绿色食品市场的研究.世界经济,1994(10):57~61

[29]黄锦明.入世后我国应对国外技术性贸易壁垒的对策研究.科技进步与对策,2003,7(20):50~52

[30]张宝珍.绿色壁垒:国际贸易保护主义的新动向.世界经济,1996(12):20~25

[31]连燕辉.加快绿色食品认证步伐积极应对 WTO 对我国农产品贸易的挑战.经济论坛,2002(13):6~7

[32]盛丽颖,安玉发,黑嘉鑫.我国超市绿色食品消费者行为影响因素分析.商场现代化,2007(03S):103~104

[33]黄蕙萍.可持续性贸易与我国绿色食品的出口.科技进步与对策,2001(6):32~34

[34]陈和午.我国绿色食品出口现状和问题分析.农业科技通讯,2004(10):4~5

[35]张梅.绿色贸易壁垒对我国绿色食品出口的影响及对策探析.安徽农业科学,2008,36(7):2964~2966

[36]张坤.中国绿色食品出口现状和问题研究.黑龙江对外经贸,2007(11):11~12

[37]高天鹏.论绿色食品工程与民族地区经济和社会持续发展.西北民族学院学报(哲学社会科学版),1997(3):19

[38]高天鹏.从经济发展和环境保护谈绿色食品的开发.西北师范大学学报(社会科学版),1997(4):95

[39]李里特.从绿色食品看我国的第二次绿色革命.科技导报,1997(10):34~38

[40]梁志超.国外类绿色食品发展的过程、现状及趋势.中国食物与营养,1999(3):31~33

[41]张志恒,徐建国,吴电.绿色食品柑橘的采后处理和贮运及安全卫生标准.中国果菜,2005(5):36~37